国家重点图书出版规划项目

中国载人航天科普丛书

总主编 王永志 王文宝 袁家军

通天神箭

——解读载人运载火箭

主 编 黄春平

副主编 刘竹生 刘 宇

中国宇航出版社

·北京·

内容提要

本书主要介绍载人火箭的发展历程、总体设计技术、各分系统的工作原理和基本知识，以及未来的发展方向。

书中既有对载人运载火箭技术的科学解读，又有对相关知识的简要介绍，力求做到深入浅出、通俗易懂、图文并茂、语言生动，适合相关专业科技人员、管理人员和具有高中以上文化程度的航天爱好者阅读。

图书在版编目（CIP）数据

通天神箭：解读载人运载火箭／黄春平主编. --北京：中国宇航出版社，2011.1

（中国载人航天科普丛书 ／王永志，王文宝，袁家军主编）

ISBN 978-7-80218-442-8

I. ①通… II. ①黄… III. ①载人航天飞行—运载火箭—中国—普及读物 IV. ① V475.1-49

中国版本图书馆 CIP 数据核字（2010）第 263284 号

责任编辑 艾小军　**责任校对** 王　妍　**设计制作** 03 工舍

出版发行　中国宇航出版社

社　址　北京市阜成路 8 号　　邮　编　100830

(010)68768548

网　址　www.caphbook.com/www.caphbook.com.cn

经　销　新华书店

发行部　(010)68371900　　(010)88530478(传真)

(010)68768541　　(010)68767294(传真)

零售店　读者服务部　　北京宇航文苑

(010)68371105　　(010)62529336

承　印　北京画中画印刷有限公司

版　次　2011 年 6 月第 1 版　　2011 年 6 月第 1 次印刷

规　格　787 × 960　　开　本　1/16

印　张　16　　字　数　253 千字

书　号　ISBN 978-7-80218-442-8

定　价　46.00 元

本书如有印装质量问题，可与发行部联系调换

《通天神箭》编委会

总　序

上世纪九十年代初，党中央审时度势、高瞻远瞩，果断作出了实施中国载人航天工程（代号921工程）的重大决策。这一战略工程的建设与发展，至今已走过了十八年的光辉历程，中华民族实现了千年的飞天梦想，在世界航天发展的史册上，铭刻下了中国人民勤劳智慧、自强不息、勇攀科技高峰的辉煌印记，在人类和平利用太空的伟大征程中树立了不朽丰碑。当今世界，伴随高新技术发展的突飞猛进，航天技术发展方兴未艾，我国航天事业正迈上新的历史征程。当此之际，中国载人航天工程办公室组织编著出版这套《丛书》，对历史、现实和未来都是一件颇有意义的事情。

这套《丛书》全面介绍了工程的发展历程、各系统工作原理及相关航天知识。我作为工程的亲历者、见证者和组织者，更深切地体会到：工程意义重大而充满挑战，成就举世瞩目而来之不易。工程实施以来，在党中央、国务院、中央军委的坚强领导和亲切关怀下，在全国各相关方面的大力支持下，广大航天工作者大力协同、锐意进取，成功突破了一大批拥有自主知识产权的载人航天核心关键技术，先后实现了从无人飞行到载人飞行、从一人一天到多人多天、从舱内实验到出舱活动等重大跨越，使我国成为世界上第三个能够独立开展载人航天活动的国家，在载人航天高技术领域占有了重要一席。胡锦涛总书记明确指出，载人航天工程取得的成就，是我国综合国力不断增强、科技水平不断提高的重要体现，对于增强全民族的自信心和自豪感，凝聚全民族的智慧和力量，鼓舞全党全军全国各族人民全面建设小康社会、实现中华民族伟大复兴具有重大而深远的影响。

通览《丛书》，可以更深刻地感到，作为我国航天发展史上规模最大、系统构成最复杂、可靠性安全性要求最高的国家级高科技工程，载人航天工程取得的伟大成就令人自豪，催人奋进。同时，从中可以得出许多重要启示：当今时代，世界综合国力的竞争，集中体现为科技特别是高科技的竞争，关键在于人才的竞争，科技、人才已成为民族振兴的基石和综合国力的核心；社会的进步、国家的发展、民族的强大必须充分发挥科学技术第一生产力的作用，坚持人才为本，瞄准世界高科技发展前沿，着力突破核心关键技术，抢占战略制高点，不断提高自主创新能力，唯有如此，才能把国家安全和发展的命脉牢牢掌握在自己手里；科技落后是最可怕的落后，我国目前仍面临发达国家在高科技领域占优势的巨大压力，必须增强机遇意识、忧患意识和使命意识，敏锐把握世界新科技革命的大势，以战略需求为导向，努力实现科技新跨越、新发展。

《丛书》作为航天高科技普及读物，与一般科普读物相比，有许多突出特点：一是鲜明的系统性和集成性。《丛书》以中国载人航天工程为主线，分别介绍工程总体以及航天员、空间应用、载人飞船、运载火箭、发射场、测控通信、着陆场等各系统，结构清晰、重点突出，各个分卷相互衔接、形成整体。二是广泛的知识性和普及性。《丛书》突出读者感兴趣的知识点，满足社会公众对载人航天科技知识的渴求，语言流畅、深入浅出，图文并茂、通俗易懂。三是高度的科学性和权威性。《丛书》编写人员既有工程总设计师、工程总体的专家，也有工程相关系统的总指挥、总设计师；既有长期工作在航天领域的老专家、老领导，也有奋战在科研一线的技术骨干和管理人员，他们大多亲历和参与了工程的研制建设，是各自领域的权威人士，编写内容概念正确、数据科学准确。

相信这套《丛书》的出版发行，对于宣传我国载人航天工程的伟大成就，大力弘扬载人航天精神，增强民族自信心和创新精神，必将起到重要的促进作用。同时，通过普及航天知识，必将吸引和鼓励更多的青少年热爱科学，积极投身航天事业，使我国高科技发展后继有人、持续跨越，为实现中华民族伟大复兴的宏伟目标，为开创中国特色社会主义事业新局面，作出新的更大贡献。

中央军委委员、总装备部部长
中国载人航天工程总指挥

常萬全

2010年4月16日

前　言

载人航天技术是人类航天发展史上的重大突破。至今，世界上仅有苏联/俄罗斯、美国和中国发射过载人航天器。载人航天使人类克服地球引力，冲出地球大气层，到达外层空间，人类得以更广泛、更深入地认识自己的家园——地球，以及宇宙空间。

人们可能会记得，40多年前苏联的加加林乘东方号飞船第一个叩响了太空之门；人们也不会忘记，美国的阿姆斯特朗走出阿波罗号飞船，在月球上留下了人类第一个足迹；人们更不会忘记，中国的神舟号飞船载着航天员在太空遨游时激动人心的画面。然而，这些载人飞船都是由火箭送入太空，进而完成各项任务的，是火箭使人类探索太空的梦想得以实现。

为了使广大读者更好地了解载人运载火箭的相关知识，在中国载人航天工程办公室的领导下，中国运载火箭技术研究院组织相关专家编写了《通天神箭——解读载人运载火箭》一书。

本书向读者详细阐述了载人运载火箭的发展历程、中外著名航天科学家对火箭发展的贡献、载人运载火箭总体设计技术和各分系统的工作原理及基本知识，以及载人运载火箭未来的发展方向等。全书图文并茂，力求做到深入浅出、通俗易懂。这本书将把读者带进载人运载火箭研制的真实世界当中，唤起读者对载人运载火箭技术的求知欲望。

在本书编写过程中，许多工作在运载火箭研制一线的专家和从事运载火箭管理和情报工作的同志付出了辛勤的劳动，查阅了大量资料，在创作过程中提炼、概括和编撰，力求从火箭研制的各个方面呈现给读者多角度的知识。全书共分19章，分别由以下人员撰写：第一、二章丁文华等，第三章谢建玲、崔照云，第四章余梦伦、谢建玲，第五章吴彦森、谢建玲，第六章朱礼文、谢建玲，第七章陈振官、谢建玲，第八章陈曦、刘信和，第九章陈曦、陈德隆、颜国清，第十章孙凝生、孙雅平，第十一章崔鑫水、孙雅平，第十二章杨德生、孙雅平，第十三章张智、张利艳，第十四章张智、陈曦，第十五章王文田、周烈、张利艳，第十六章颜国清、孙雅平，第十七章傅伟、孙雅平，第十八章李玉祥、孙雅平，第十九章张利艳等。

在本书撰写和审稿过程中，得到了长征2F载人运载火箭总指挥和总设计师系统的大力支持，得到了中国运载火箭技术研究院921办公室和许多科技及管理人员的热情帮助。中国工程院龙乐豪院士、中国空间技术研究院李颐黎研究员、中国载人航天工程办公室科技计划局冯中堂副局长审阅了全部书稿，并提出了宝贵的修改意见。在此一并表示衷心的感谢。

书中如有错误和不妥之处，敬请读者批评指正。

主　编

目 录

第四章 载人火箭的飞天之路
——火箭轨道

第五章 载人火箭冲出大气层
——气动设计

第六章 载人火箭的动特性
——结构动力学

第九章 载人火箭的飞天动力源——火箭动力

第十章 载人火箭飞天驾驶员——飞行控制

第十一章 引领载人火箭飞天——制导控制

第十二章 把握载人火箭飞天

——姿态控制

第十三章 载人火箭飞天安检员

——故障检测

第十四章 航天员的救生艇

——逃逸飞行器

第十五章 载人火箭飞天诊断器
——遥测、外测及安控

第十六章 飞天前控制系统的全面体检
——地面测试发射控制

第十七章 载人火箭出征前的准备
——发射前的主要设备和工作

第十八章 载人火箭腾飞的起点
——活动发射平台

第一章

火箭渊源

卫星和飞船虽然都能够在茫茫太空中完成人们赋予的许多任务，但是卫星和飞船自己并不能进入太空，而是要靠一种装有动力装置的运载工具把它们送入太空并保证一定的条件才能围绕地球飞行。这种装有动力装置的运载工具就是火箭。

1. 火药

图1－1 葛洪画像

火药最早见于古代炼丹术，是中国古代道家在炼丹过程中发明的。火药的起源，可以追溯到西晋时期。晋代有位著名的道士叫葛洪（图1－1），在他撰写的《抱朴子·仙药篇》里有用雄黄、硝石、猪大肠油和松脂共炼丹药的记载。雄黄含有大量的硫，硝石是氧化剂，猪大肠油和松脂含有炭，硫、硝、炭是火药的基本成分。当时人们已经知道火药燃烧和爆炸的性能。中国最迟于公元9 世纪已发明了火药。火药是举世闻名的中国古代四大发明之一。

火药的发明和广泛应用，推动了科学技术进步和人类社会发展，同时也为航天技术的发展奠定了重要基础。

2. 古代火箭

“火箭”一词在公元3 世纪中国的三国时期就已出现。当时蜀国丞相诸葛亮率军进攻陈仓时，魏国守将郝昭就用火箭焚烧了蜀军攻城的云梯，守住了陈仓。不过当时的火箭只是在箭头后部绑附浸满油脂的麻布等易燃物，点燃后用弓弩射至敌方，还不是真正意义上的火箭。

火药发明以后，很快应用于军事，出现了一系列火药武器，其中之一便是火箭。中国古代科学家最早运用火药燃气反作用力原理制造了火箭，中国古代火箭有箭头、箭杆、箭羽和火药筒四大部分（图1－2）。火药筒外壳用竹筒或硬纸筒制作，里面

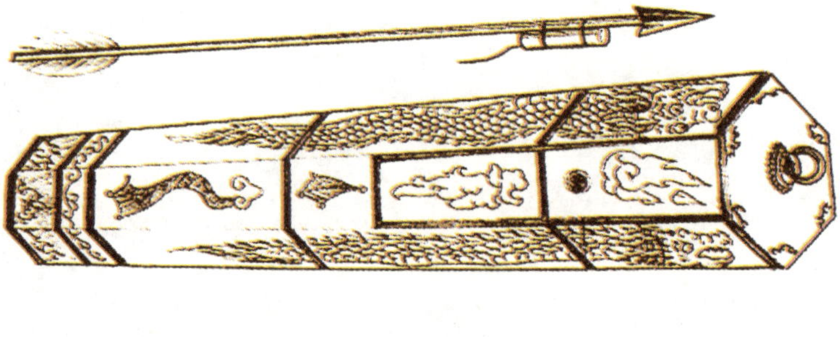

图1－2 中国古代火箭“一窝蜂”

填充火药，筒上端封闭，下端开口，筒侧小孔引出导火线。点火后，火药在筒中燃烧，产生大量气体，高速向后喷射，产生向前的推力。这就是现代火箭的雏形：火药筒相当于现代火箭的推进系统；锋利的箭头具有穿透人体的杀伤力，相当于现代火箭运送的有效载荷之一——弹头；尾端安装的箭羽在飞行中起稳定作用，相当于现代火箭的稳定系统；而箭杆相当于现代火箭的箭体结构。

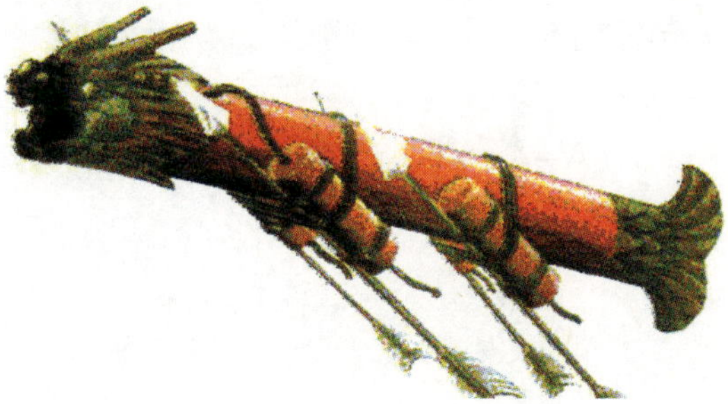

图1－3 火龙出水

明代后期创制了“火龙出水”等二级火箭（图1－3）。这种火箭已经应用了火箭并联(4 个火药筒)、串联(两级火箭接力)原理。它既可以射向天空，也可以用于水战。这是最早问世的二级火箭，在明代后期出版的《武备志》、《火龙经》等兵书中都有记载。此外，当时还创制三种可返还和回收的二级火箭“飞空沙筒”，把古代火箭技术推向高级阶段。

大约在13 世纪末至14 世纪初，中国的火药与火箭等火器技术传到了印度、阿拉伯，并经阿拉伯传到了欧洲。

古代火箭经过漫长的历史演变，与现代理论和探索相结合，最终发展成为现代火箭。历史寻源，中国是火箭的故乡。

3．现代火箭先驱

20 世纪初，俄国著名科学家康斯坦丁·齐奥尔科夫斯基从理论上证明了多级火箭可以克服地球引力进入太空，并建立了火箭运动的基本数学方程，奠定了航天动力学的基础。

美国火箭专家罗伯特·戈达德博士把航天理论与火箭技术相结合，从1921 年开始研制液体火箭，于1926 年3 月16 日进行了人类首次液体火箭飞行试验并获得成功，这使他成为液体火箭的实际创始人。

1933 年至1942 年，德国的赫尔曼·奥伯特和冯·布劳恩等人成功地研制了A 系列火箭，其中A－4 火箭被改进为V－2 导弹。虽然A－4 火箭被德国法西斯分子用于战争，扮演了极不

知识链接

A-4/V-2 导弹的技术性能

长度	14.03 米
直径	1.65 米
稳定尾翼翼展	3.564 米
重量	13 吨
命中精度	5 千米
最大射程	320 千米
推力	267 千牛
飞行时间	320 秒

知识链接

齐奥尔科夫斯基公式

$$V=\omega \ln(M_0/M_k)$$

式中：V 为速度增量，ω 为喷流相对火箭的速度，M_0 和 M_k 分别为发动机工作开始和结束时的火箭质量。速度增量称为理想速度或特征速度。这个公式在火箭仅受到火箭推力的作用力（不含天体万有引力及空气动力等）时才成立。用这个公式可以近似地估计火箭需要携带的推进剂数量以及发动机参数对理想速度的影响。

光彩的角色，但它在工程上实现了 19 世纪末、20 世纪初航天技术先驱者的设想，并培养和造就了一大批有实践经验的火箭专家，对现代大型火箭的发展起到了继往开来的作用。V－2 导弹是人类拥有的第一件向地球引力挑战的工具，成为航天技术发展史上的一个重要里程碑。

二战后，美、苏两国分别接收了研制 V－2 导弹的部分专家、设备及资料，为迅速发展火箭和导弹技术创造了有利条件。因此，20 世纪 40 年代末至 50 年代末，美、苏研制的导弹武器得到了迅速发展，形成了一个完整的导弹武器系统，建立了初具规模的配套工业设施，并培养了人才。至此，人类已经初步掌握了进入太空的基本技能，冲出大气层向宇宙空间进军指日可待。

（1）康斯坦丁·齐奥尔科夫斯基

关于宇宙航行，康斯坦丁·齐奥尔科夫斯基说道：“地球是人类的摇篮，但是人类不能永远生活在摇篮里……”

1857 年，齐奥尔科夫斯基(图 1－4)出生在俄国梁赞省伊热夫斯基村一个贫穷的家庭里，他从小对数理和天文有着浓厚的兴趣，常常将自己沉浸在书本和思索之中。

他于 1883 年在《外层空间》论文中提出了宇宙飞船的运动必须利用喷气推进原理，并画出了飞船的草图（图 1－5）。

1903 年，他发表了《利用喷气装置探索宇宙空间》的论文，深入论证了喷气工具用于星际航行的可行性，从而推导出发射火箭运动必须遵循的“齐奥尔科夫斯基公式”。

齐奥尔科夫斯基毕生从事火箭技术和航天飞行研究。在他的经典著作中，对火箭飞行进行了深刻的论证，最早从理论上证明了用多级火箭可以克服地心引力进入太空。他首先提出了使用液体推进剂火箭的倡议，构造出现代火箭的结构，并论述了关于使用液氢－液氧作为火箭推进剂的可行性，设想用新燃料(原子核分解的能量)作火箭动力。他具体地阐述了用火箭进行航天飞行的条件，火箭从地面起飞的条件，人造地球卫星及实现飞向其他行星必须设置中间站的设想。他还提出过许多技术建议，如建议用燃气舵控制火箭，用泵来强制输送推进剂，以及用仪器自动控制火箭等，对现代火箭和航天飞行的发展起了巨大的作用。齐奥尔科夫斯基被后人尊称为“火箭之父”。

图 1－4 康斯坦丁 · 齐奥尔科夫斯基

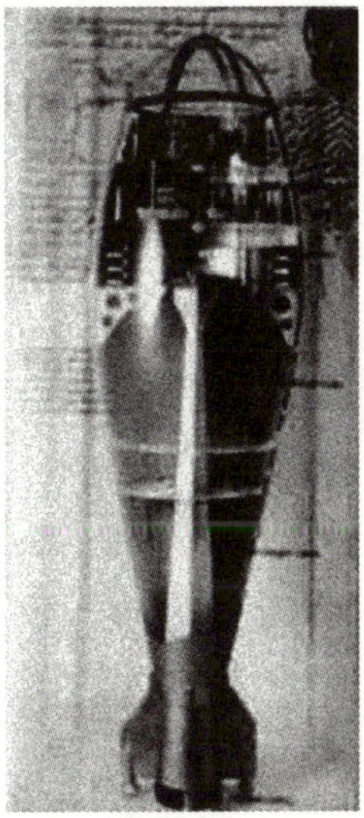

图 1－5 按齐奥尔科夫斯基理论绘制的宇宙飞船

(2) 罗伯特 · 戈达德

齐奥尔科夫斯基在火箭理论上取得了巨大的进展，但在实践上真正的突破却发生在美国。

1920 年 1 月 12 日，《纽约时报》刊出一条在当时令人难以置信的消息：“多级火箭可以到达月球”，副标题是“史密森学会授权宣布克拉克大学物理系罗伯特 · 戈达德教授探索高空大气的新发明——多级火箭能把探测仪器送到 200 英里高度，更大的火箭

图 1－6 戈达德和他研制的液体火箭

可以在月球上着陆。”

1923 年，戈达德成功地在设于马萨诸塞州的试验场，进行了世界上第一个用汽油和液氧作为燃料的液体火箭发动机的地面静态试验。1926 年 3 月 16 日，他成功地发射了世界上第一枚液体推进剂火箭（图 1–6），飞行速度 103 千米 / 小时，上升高度 12.5 米，飞行距离 56 米。这枚火箭的研制成功，打开了液体火箭技术的大门，开辟了航天史的新纪元，使人类在通往太空的道路上又迈出了极其重要的一步。

(3) 赫尔曼 · 奥伯特

图 1–7 赫尔曼 · 奥伯特

赫尔曼 · 奥伯特（图 1–7）1894 年 6 月 25 日出生于特兰西瓦尼亚，现位于罗马尼亚境内。他在 12 岁时，受凡尔纳《从地球到月球》一书的影响，迷上了星际旅行。奥伯特 1913 年到慕尼黑学医，第一次世界大战中断了他的学业。

1922 年他向海德堡大学提交了题为《飞往星际空间的火箭》的论文，但该论文当时被断定是不切实际的。

从 1924 年到 1938 年，奥伯特在一所中学里教数学和物理，但他对火箭的兴趣丝毫没有减退。1927 年他领导一批热情的支持者成立了宇宙航行协会，1930 年，还在上大学的布劳恩加入了协会，成为奥伯特的助手。

1951 年他离开德国，到美国与布劳恩合作。这期间他写了两本书，一本是关于十年内火箭发展可能性展望，另一本是对人类登月往返可能性的探讨。1960 年奥伯特退休后回到德国。

奥伯特建立了下列条件之间的理论关系：燃料消耗、燃气消耗速度、火箭速度、发射阶段重力作用、飞行延续时间和飞行距离等，这些关系是火箭设计中最基本的因素。奥伯特影响了整整一代航天工程师，成为航天事业的奠基人之一。

（4）冯·布劳恩

1925 年的一个傍晚，柏林使馆区内的宁静气氛被爆炸的巨响打破，浓烟冲天。警察抓住了一个 13 岁的男孩，原来这个男孩把 6 支特大号焰火绑在滑板车上，导火索点燃后，滑板车飞了出去。这个男孩就是冯·布劳恩。

图 1－8　冯·布劳恩

冯·布劳恩（图 1－8）1912 年 3 月 23 日出生于德国维尔西茨。1930 年，布劳恩进入柏林大学，加入了宇宙航行协会并成为奥伯特的助手。1934 年，布劳恩获得柏林大学物理学博士学位。1937 年，布劳恩进入佩内明德大型火箭试验基地，并任技术部主任，领导火箭的研制工作。

二战结束后，布劳恩作为“头脑财富”到了美国。他先后主持研制成红石、丘比特、潘兴导弹。其中丘比特 C 型火箭，是美国第一颗人造卫星发射成功的保障。1961 年 5 月 25 日，美国宣布实施阿波罗载人登月计划，冯·布劳恩成为统领空间事务的顾问，分管阿波罗工程，并直接主持土星 5 火箭的研制工作。1970 年，冯·布劳恩任美国国家航空航天局主管计划的副局长，并兼任马歇尔航天中心主任。任期内，他还完成了航天飞机的初步设计。

（5）谢尔盖·帕夫洛维奇·科罗廖夫

20 世纪 50 年代后期，苏联的火箭和卫星事业的成就世人皆知，但作为主要负责人的谢尔盖·帕夫洛维奇·科罗廖夫却默默无闻。据说，第一颗人造地球卫星发射成功后，瑞典科学院曾提名卫星设计者获诺贝尔奖，但在去信询问设计者是谁时，赫鲁晓夫回答说：“是全体苏联人民。”

图 1－9　谢尔盖·帕夫洛维奇·科罗廖夫

科罗廖夫（图 1－9）1906 年出生于乌克兰，他没能进入正规中学念书，只在著名飞机设计师图波列夫领导的飞机工厂半工半读完成了中学和高等专科学校的课程。1926 年，科罗廖夫到莫斯科包曼高等学院学习，成为图波列夫的学生。

1929 年参与组建火箭喷气推进研究小组，到 1932 年，25 岁的他已成为该小组的负责人，出版了专著《火箭发动机》。1932 年，喷气推进研究小组在军队的一个试验基地成功发射了液体火箭。1933 年，苏联成立了世界上第一个喷气科学研究所，科罗廖夫被任命为副所长，1934 年，他出版了专著《火箭飞行》。

二战后，科罗廖夫利用 V－2 导弹资料开展火箭研究。1946 年 8 月，他被任命为弹道式导弹总设计师。在科罗廖夫的领导下，1957 年 8 月 3 日，苏联第一枚洲际导弹发射成功；同年 10 月 4 日，世界上第一颗人造地球卫星被送入轨道；1959 年 1 月

知识链接

火箭发展史上的数个“第一”

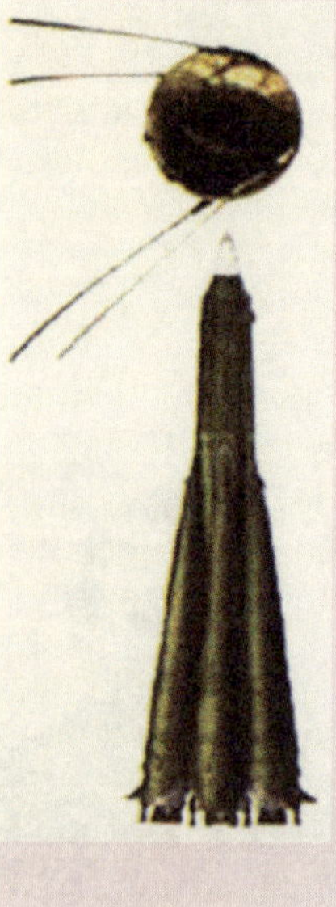

1942 年 10 月 3 日，德国的 A–4 火箭（即后来的 V–2 导弹）在波罗的海港口佩内明德研制试验成功，射程 190 千米。

1957 年 10 月 4 日，苏联在拜科努尔航天中心成功地发射了人类第一颗人造地球卫星——人造地球卫星 1 号。火箭是由 P–7 洲际导弹改装而成的卫星号火箭。

1961 年 4 月 12 日，苏联航天员尤里·加加林乘坐东方 1 号飞船第一个叩响了太空之门，环游地球一圈，成为世界上进入太空的第一人。

1969 年 7 月 16 日，载有阿姆斯特朗、科林斯、奥尔德林 3 名航天员的美国阿波罗 11 号载人飞船，成功发射，飞向月球。7 月 21 日，阿波罗登月飞船在月球上软着陆，美国航天员阿姆斯特朗和奥尔德林踏上了寂寞苍茫的月球，实现了人类首次登月的壮举，载人航天取得了重大突破。

1971 年 4 月 19 日，苏联用质子号火箭成功地发射了世界上第一座载人空间站礼炮 1 号，空间站由对接舱、轨道舱和服务舱 3 部分组成。

1981 年 4 月 12 日，美国研制的世界上第一架航天飞机哥伦比亚号从肯尼迪航天中心发射，进行了首次载人轨道飞行试验。

2 日发射月球 1 号探测器，它是世界上第一个摆脱地球引力的飞行器；9 月 12 日发射的月球 2 号又成为第一个到达月面的人造物体；10 月 4 日发射的月球 3 号拍摄了第一批月球背面照片。

科罗廖夫还组织并实施了载人航天计划。1961 年 4 月 12 日，东方 1 号飞船载着尤里·加加林进入太空，开辟了载人航天的新时代。此后 3 年，他又领导并实现了宇宙飞船轨道对接、女航天员太空飞行、多人飞行和太空行走等多项“世界第一”。

(6) 钱学森

钱学森 1911 年 12 月 11 日出生于上海，1929 年至 1934 年在上海交通大学机械工程系学习，毕业后考取清华大学留美公费生。1935 年至 1939 年在美国麻省理工学院航空工程系学习，获硕士学位。

钱学森在美学习期间与他人合作完成的《远程火箭的评论与初步分析》，奠定了地地导弹和探空火箭的理论基础；提出的高超声速流动理论，为空气动力学的发展奠定了基础。

1955 年钱学森回国（图 1－10）。1956 年初，钱学森向中共中央、国务院提出《建立中国国防航空工业的意见书》。同

图 1－10 钱学森回国后受到毛泽东主席的亲切接见

图 1－11　钱学森在授课

年，国务院、中央军委根据他的建议，成立了导弹、航空科学研究的领导机构——航空工业委员会，并任命钱学森为委员。1956 年，中国第一个火箭、导弹研究部门——国防部第五研究院成立，钱学森担任首任院长。他主持了近程导弹、中近程导弹和中国第一颗人造地球卫星的研制，直接领导了用中近程导弹运载原子弹的“两弹结合”试验，主持制订了中国第一个星际航行的发展规划，建立了工程控制论和系统学等。在空气动力学、航空工程、喷气推进、工程控制论、物理力学等技术科学领域作出了巨大贡献，著有《导弹概论》、《工程控制论》、《论系统工程》、《星际航行概论》等，并亲自给航天科技人员讲课（图 1－11）。钱学森是中国航天事业的奠基人，也是中国近代力学和系统工程理论与应用研究的创始人。

4. 航天与航空

航天是指人类在大气层以外的宇宙空间，为了达到一定的目的而进行的航行活动，也就是利用载人或不载人的航天器在

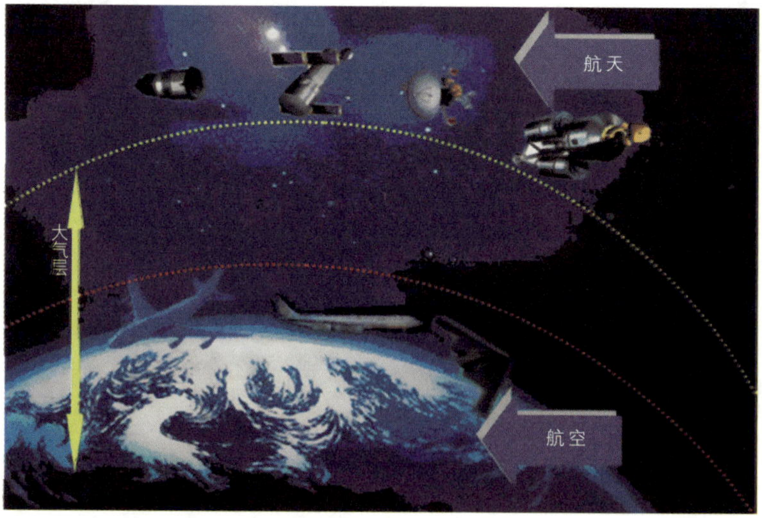

图 1－12　航空与航天活动的不同领域

宇宙中飞行，探索、开发和利用太空以及地球以外的天体，环绕地球飞行、飞向月球或其他星球，甚至飞出太阳系到其他星系的一切活动，统称为航天（也有的学者将在地球大气层外、太阳系内的飞行器的飞行称为航天，将在太阳系外的飞行器的飞行称为航宇）。航天器的动力是由自身携带的推进剂产生的，不依靠大气层中的氧气。

航空是指载人或不载人的飞行器如飞机、飞艇等在地球大气层中的航行活动。航空与航天之间的主要区别（图1－12）就在于：航空活动的领域只局限于大气层以内，因为它所依靠的动力装置如航空发动机工作时，需要空气中的氧气，同时需要空气来产生升力、控制力和控制力矩，离开了空气则无法工作，大家熟悉的各种类型的飞机和飞艇都属于航空器。

5．发展航天，火箭先行

卫星和飞船虽然都能够在茫茫太空中完成人们赋予的许多任务，但是卫星和飞船自己并不能进入太空，而是要靠一种装有动力装置的运载工具把它们送入太空并保证一定的条件才能围绕地球飞行。这就好像一个人，要去远方完成一项任务，尽管他很能干，但是如果到不了目的地也是枉然。他要么乘火车，要么乘飞机或其他的交通工具。卫星或飞船也是如此，需要一种交通工具把它送入太空预定轨道后才能工作，目前这种装有动力装置的运载工具就是火箭。火箭的主要任务就是运载，因此，也把将航天器送入轨道的火箭称为“运载火箭”。图1－13为中国长征系列运载火箭。

20世纪60年代，随着火箭技术的成熟与发展，把人类送上太空的梦想才得以实现。火箭是人类开展航天活动必不可少的运输工具。火箭具有巨大的推力，采用不同组合的火箭可以把各种不同类型的卫星、载人飞船、探测器和空间站送入各自的运行轨道。航天飞机是一种运载器和航天器相结合的空间运输系统，其基本技术之一也是火箭技术。

所以说，发展航天，火箭先行。

图1-13 中国长征系列运载火箭

6. 火箭是载人航天发展的基础

载人航天是人类航天史上的重大突破。至今世界上仅有苏联/俄罗斯、美国和中国独立发射过载人航天器。人类载人航天计划是一个长期的持续性计划，经历了由低级到高级的发展过程。迄今为止全世界共进行了约260次载人航天飞行，近1 000人次访问过太空。火箭对载人航天发展起了重要的推动作用。

图1-14 东方号载人火箭

（1）火箭主导苏联在航天事业发展初期的领先地位

早在1954年，苏联清楚地认识到发展航天技术对提高国际地位的巨大作用，批准研制了推力为3 560千牛的P-7型洲际弹道导弹，并于1957年10月4日成功地发射了世界上第一颗人造地球卫星。之后，苏联又向P-7的设计者科罗廖夫部署了载人飞船运载火箭的设计任务。

发射载人飞船的东方号（图1-14）、上升号和联盟号（图1-15）系列火箭都是在苏联P-7导弹的基础上发展起来的。到1965年为止，苏联在美苏之间展开的太空竞赛中总是技高一筹，使苏联成为当时的世界第一航天强国。

图1–15　发射上升号和联盟号飞船的联盟号载人火箭

(2) 火箭是实现人类登月的保障

1959年底，美国国家航空航天局曾提出在1970年底以前实现载人环月飞行的计划，这个计划被当时的艾森豪威尔总统否决了。但随后发生的两个严峻事件促使艾森豪威尔的继任者肯尼迪总统改变了想法：1961年4月12日苏联的尤里·加加林成为世界上首位进入太空的航天员；美国在入侵古巴中惨遭失败。这两件事使美国的国际形象受到了很大影响，肯尼迪总统因此批准了载人登月的阿波罗计划(图1–16)。就在加加林完成首次太空飞行后不久，肯尼迪总统于1961年5月25日在国会宣布："美国将在十年内致力于将人送上月球，并使其安全返回地球。"为了把人送上月球，美国动用了大量资源。

为实现阿波罗计划必须在大推力火箭技术、载人登月飞船

图1–16　阿姆斯特朗登上月球

研制与航天员培训等方面抢占世界领先地位。土星号火箭因此得到了更高程度的重视。通过论证确定了土星 5 号运载火箭（图 1－17）为阿波罗号飞船的运载火箭。土星 5 号火箭由三级组成，三级都采用了全新设计。一子级使用了 5 台 F－1 发动机，采用煤油和液氧推进剂。二子级则采用 5 台 J－2 新型氢氧发动机，三子级采用 1 台 J－2 发动机。大推力火箭的成功研制是实现人类登月的保障。

阿波罗项目的成功不仅使美国实现了在航天领域赶超苏联的政治目的，同时也带动了美国科学技术的进步，特别是促进了在推进、制导、结构材料、电子学和管理科学等领域的发展。

图 1–17 土星 5 号火箭

第二章

火箭与载人火箭

火箭使人类探索太空的梦想成为现实。把人类送上太空的那个庞然大物——火箭，究竟是怎样工作的？载人航天器运载火箭（简称载人火箭）与普通火箭到底有什么区别？我们将逐一为你解开载人火箭神秘的面纱。

1. 火箭推进原理

看似复杂的火箭，原理其实非常简单，早在17世纪，牛顿就很清晰地描述了它：如果你以一定速度向后抛出一定质量，你就会受到一个反作用力的推动，向前加速。简单的火箭甚至早在牛顿提出这一原理前几百年就在中国发明出来，并得到了应用，这既包括军用的火药箭，也包括节日庆典的烟花。

火箭向后抛出一定质量是靠火箭发动机来完成的。火箭发动机点火以后，推进剂（液体的或固体的燃料和氧化剂）在发动机燃烧室里燃烧，产生大量高压气体；高压气体从发动机喷管高速喷出，对火箭产生的反作用力，使火箭沿气体喷射的反方向前进。

固体推进剂是从底层向顶层或从内层向外层快速燃烧的，而液体推进剂是用高压气体对燃料与氧化剂贮箱增压，然后用涡轮泵将燃料与氧化剂进一步增压并输送进燃烧室。推进剂的化学能在发动机内转化为燃气的动能，形成高速气流喷出，产

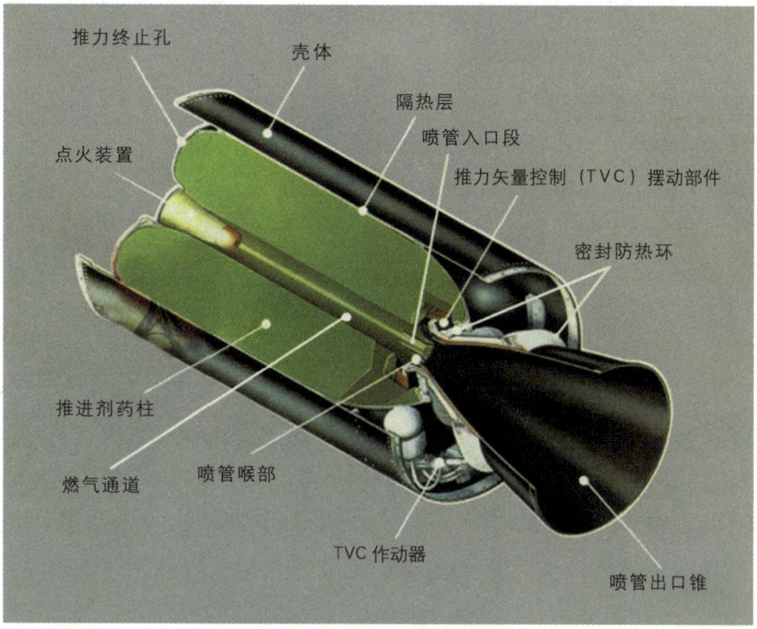

图 2－1 固体火箭发动机结构

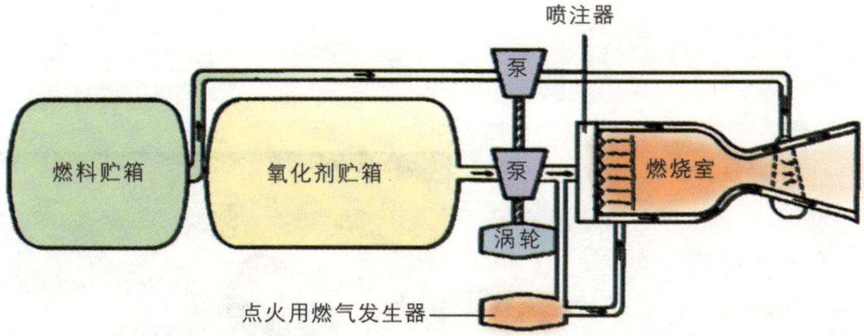

图 2–2 液体火箭发动机结构

生推力。固体火箭发动机结构如图 2－1 所示，液体火箭发动机结构如图 2－2 所示。

2．箭体结构

火箭的箭体结构是火箭的基体，它把火箭各系统组合在一起，形成一个整体。箭体除要求具有良好的空气动力学外形外，还要求在既定功能不变的前提下，质量越小越好，体积越小越好，这样可以获得更大的飞行速度。火箭整流罩内的有效载荷可以是人造卫星、飞船或空间探测器等航天器。图 2–3 给出了长征 3 号甲火箭的箭体结构。

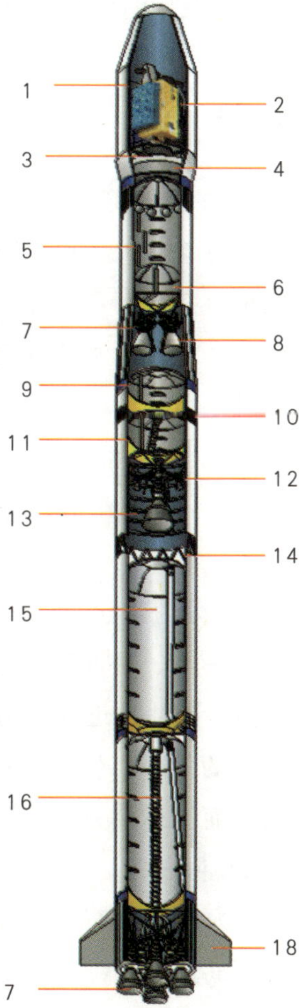

1 —整流罩；
2 —有效载荷；
3 —有效载荷支架；
4 —仪器舱；
5 —液氢箱；
6 —液氧箱；
7 —二三级级间段；
8 —三级发动机；
9 —二级氧化剂箱；
10 —箱间段；
11 —二级燃料箱；
12 —二级游动发动机；
13 —二级主发动机；
14 —一二级级间杆系；
15 —一级氧化剂箱；
16 —一级燃料箱；
17 —一级发动机；
18 —稳定尾翼

图 2–3 长征 3 号甲火箭箭体结构

知识链接

火箭的有效载荷

火箭的有效载荷是火箭的运载对象。火箭的有效载荷包括人造地球卫星、载人和无人飞船、空间站及空间探测器等。把有效载荷送入预定轨道是火箭的任务。有效载荷与火箭的接口必须双方协调一致。它包括机械接口和电气接口。对火箭而言，机械接口主要涉及有效载荷的尺寸和连接方式，用以确定火箭整流罩外型尺寸、连接结构以及分离方式。电气接口主要供火箭向有效载荷提供必要的电信号以及实现两者之间的电气连接协调。对于具体的航天运载任务，火箭与有效载荷之间的接口要进行协调。有效载荷还要能适应火箭飞行期间产生的过载、冲击、振动、噪声、热和电磁干扰等环境。

3．火箭分类

火箭可按照不同方式分类。

1）按级数：分为单级火箭和多级火箭。由于单级火箭在实际运用上很难实现宇宙飞行所必需的宇宙速度，因此需要采用多级火箭来解决这一问题。多级火箭的一子级在发射点火后就开始工作，工作结束后与整个火箭分离，再由二子级继续将有效载荷推向太空，以此类推，直至把有效载荷送入预定轨道。多级火箭一般由 2 ～4 级组成，有串联、并联和串－并联三种联接方式。

2）按动力能源：分为化学能火箭、电能火箭、核能火箭、太阳能火箭及光子火箭等。目前最常用的是化学能火箭，它又分为液体推进剂火箭、固体推进剂火箭和固－液混合推进剂火箭。作为新能源火箭的代表，核能火箭的优点是其发动机比冲比化学能火箭的高，而推进剂只有一种，简化了火箭结构，适合执行长时间任务或星际任务。核能火箭发动机原理见图 2－4。

3）按用途：分为探空火箭和运载火箭。探空火箭指在近太空进行探测、科学试验的火箭，一般不设控制系统，是 30～

200千米高空的有效探测工具。探空火箭还可按研究对象或用途分类，如地球物理火箭、气象火箭、生物火箭、技术试验火箭和防雹火箭等。运载火箭又分为卫星运载火箭和载人运载火箭。

4）按控制形式：分为有控火箭和无控火箭。

5）按运载能力：分为小型火箭、中型火箭、大型火箭和重型火箭。

6）按轨道：分为近地轨道火箭、太阳同步轨道火箭、地球同步轨道火箭及月球轨道火箭等。

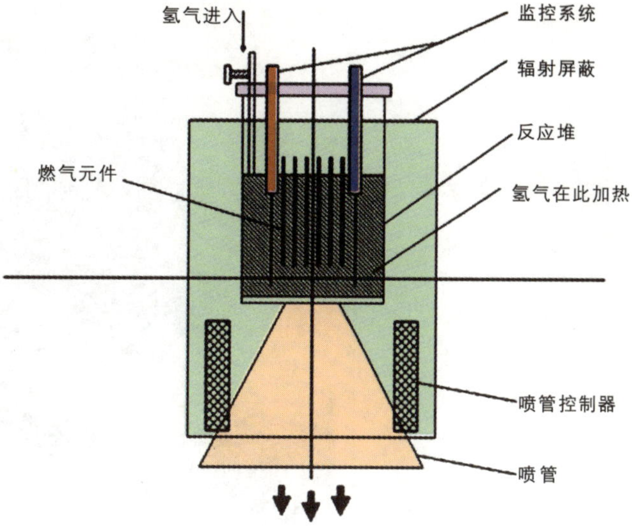

图2–4 核能火箭发动机原理图

7）按可否重复使用：分为一次性使用火箭、部分重复使用火箭和完全重复使用火箭等。

4. 火箭发射方式

目前火箭发射有三种方式：一是陆上发射，二是空中发射，三是海上发射。

早期，运载火箭都是从陆上发射场发射的。陆上发射场受地理位置的制约，限制了有效载荷的发射范围，难以满足各种有效载荷的需求，于是出现了从空中发射和从海上平台发射火箭的方式。

从空中发射火箭是用飞机（称为载机）将火箭运送到高空后，再释放火箭，火箭在空中点火飞向预定轨道(图2–5)。采用这种发射方式，飞机可以在不

图2–5 空中发射火箭

图 2－6 天顶3SL 海上发射火箭

同地点的机场起飞，从空中任何地点发射，不受地理位置的限制。这样，不仅增加了发射窗口，而且还会扩大轨道倾角的范围，因而具有很大的机动性。载机相当于火箭的基础级，能提高火箭本身的运载能力，同样的火箭从空中发射比从陆上发射，其运载能力几乎可以提高一倍。由于受到飞机运载能力的限制，空中发射的火箭不可能很大。

与陆上发射场相比，从海上平台发射火箭同样具有多种优势（图 2－6）。首先，可以灵活选择发射地点，当选择在赤道附近海域发射时，能充分借助地球的自转速度，提高火箭的运载能力；其次，周围没有居民点，火箭残骸落区的选择范围较大，从而可使多级火箭的设计更加优化，进一步提高火箭的运载能力。

陆上发射的优点是地面发射装置便于安装和维护，火箭发射瞄准便于实施，适当选择发射场也可以确保发射安全。因此，至今美国、俄罗斯和中国的载人航天发射方式均选用陆上发射。

5. 火箭发射轨道

人造地球卫星由火箭发射入轨，从发射点到入轨点的飞行轨迹叫发射轨道。发射轨道包括垂直起飞段、程序转弯段和入轨段。垂直起飞段和程序转弯段都大同小异，但入轨段根据轨

知识链接

航天器轨道

运载火箭把各种航天器送到目标轨道，随后，航天器将沿各自轨道飞行。

航天器轨道大致有以下几种：

· 低地球轨道，又称近地球轨道(LEO)：距地面约200～1 200千米的近圆轨道。

· 中地球轨道，简称中轨（ICO或MEO）：距地面约1 200～36 000千米的圆轨道。

· 地球同步轨道（GEO），又称高地球轨道(HEO)：距地面约36 000千米的圆轨道。

· 地球静止轨道（GSO）：轨道倾角（轨道平面与赤道平面的夹角）为0°的地球同步轨道。

· 地球同步转移轨道（GTO）：距地面近地点约200千米，远地点约36 000千米的椭圆轨道。

· 太阳同步轨道（SSO），卫星的轨道平面和太阳始终保持相对固定的取向，轨道倾角约97°，距地面约800千米高度的圆轨道。

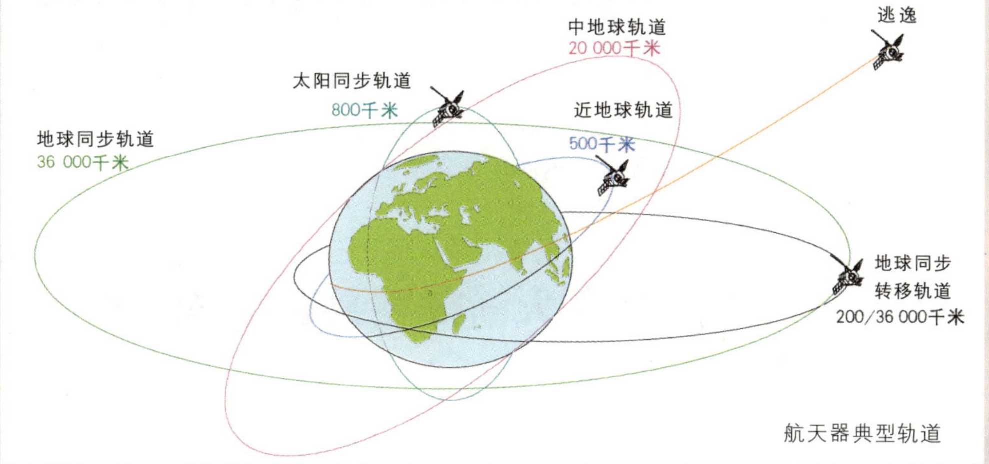

航天器典型轨道

道高度的不同有直接入轨、滑行入轨和过渡转移入轨之分。

近地轨道卫星一般直接入轨，即火箭连续工作，当最后一级火箭发动机关机时，卫星就可进入预定轨道。

中、高轨道卫星常常滑行入轨。其发射轨道由火箭发动机工作时的主动段、发动机关机后靠惯性飞行的滑行段和发动机再次工作时的加速段组成。

地球静止轨道卫星常常采用过渡转移轨道入轨，它与地球自转的方向相同，绕地球运行一周的时间与地球的自转周期相同。利用3颗等间隔放置的地球静止轨道卫星能够实现不包括南北两极在内的全球通信。

地球静止轨道卫星的入轨方式因火箭的级数不同而有所差异。对于三级火箭来说，过程一般如下：第一、二级火箭经主动段、停泊轨道段和加速段，将卫星连同火箭上面级送入200～400 千米高的停泊轨道。当飞经赤道附近上空时，火箭上面级点火，把卫星送入近地点在赤道上空、远地点高度为35 786 千米的大椭圆转移轨道。卫星在转移轨道上运行时，地面测控站要精确测量它的姿态和轨道参数，并随时调整它的姿态偏差。当卫星在预定的点火圈运行到远地点时，地面测控站发出指令，让卫星上的远地点发动机点火，使卫星提高飞行速度，并改变飞行方向，进入地球同步轨道。如果需进入地球静止轨道，则需用卫星上的小推力发动机调整它的运行速度，使它慢慢地到达预定的经度上空。这一过程叫卫星定点。

有些航天器，如返回式卫星、载人飞船和航天飞机等，在完成任务后要返回地球。从脱离运行轨道到降落地面这段的飞行轨迹叫航天器的返回轨道。

6．载人火箭需要具备哪些条件

目前已有十多个国家能够发射人造卫星，但为什么只有苏联／俄罗斯、美国和中国能够发射载人飞船呢？这是因为发射载人飞船比发射卫星在技术上要求高。具备发射载人飞船能力的火箭（以下简称“载人火箭”）必须满足下面三个条件：

1）推力要大。早期的载人飞船比较简单，最轻的只有2～3 吨，而现代载人飞船质量至少要5～6 吨，神舟号飞船的质量为8 吨左右，要把如此重的飞船送到距离地面200～500 千米的太空轨道，火箭必须要有足够大的推力才行。

2）具有应急救生功能。载人飞船发射的最大危险来自火箭上升段，为确保航天员的生命安全，火箭要增设故障检测系统和逃逸救生系统。这是与一般发射卫星的火箭不同的一个显著标志。

3）高可靠性、高安全性、高质量要求。发射卫星的火箭可靠性要求大约为0.9，安全性无特殊要求，而发射载人飞船的火箭可靠性要求为0.97，安全性要求为0.997。这就要求火箭各系统的可靠性都要很高。为此，在设计中采用冗余技术，即关键设备增设备份，使两套系统同时处于工作状态，一旦其中一套出现故障，另一套马上可以接替工作。为保障航天员的生命安全，在研制载人火箭过程中，采用高试验标准和严格的质量保证措施，对成千上万个电子元器件提高质量等级并逐一进行筛选，对各个系统进行充分的地面试验，对研制全过程进行严格的质量控制，从而保证火箭具有很高的质量。

7. “神箭”的由来

我国发射载人飞船的火箭叫长征2号F载人飞船运载火箭（以下简称“长征2F载人火箭”）。在神舟3号飞船发射之前，时任国家主席的江泽民亲笔为长征2F载人火箭题写了“神箭”二字，这个贴切而响亮的名号由此而来。长征2F载人火箭跟我国其他型号火箭的不同之处，就在于它具有发射载人飞船的能力。为了满足载人的高安全性、高可靠性要求，长征2F载人火箭在国内首次采用了55项新技术，其中有10项关键技术达到了国际先进水平。

图2–7 中国首飞航天员杨利伟（左）

图2–8 神舟6号航天员费俊龙、聂海胜（右）

图 2–9 神舟 7 号航天员翟志刚、刘伯明、景海鹏

长征 2F 载人火箭从 1999 年 11 月 20 日第一次发射神舟 1 号试验飞船以来，已经连续 7 次成功发射神舟号飞船，其中，4 次发射无人飞船，3 次发射载人飞船，先后将 6 名航天员送入浩瀚的太空（图 2–7～图 2–9），实现了中华民族千年飞天梦想，使我国成为世界上第三个能够独立自主开展载人航天活动的国家。

第三章

中国载人火箭的诞生

载人火箭庞大的身躯犹如精细的人体，有多个分系统，各个分系统由一台台类似人体器官的单机组成，单机又由零部件组成，所有零部件加起来要超过几十万个。

让这支千军万马组成的队伍不仅要演好各自的角色，还要像协调的人体一样高效地协同工作，这项高难度的任务只有总体设计才能胜任。

1．载人火箭的使命和要求

自载人航天活动开展以来，全世界共有22名航天员遇难：其中4人在地面训练时发生事故遇难；1人在返回时因降落伞故障遇难；3人在返回时因座舱在高空发生突然泄压遇难；美国挑战者号航天飞机在1986年1月18日升空时爆炸，哥伦比亚号航天飞机在2003年2月1日返航途中解体，两次灾难使14名航天员丧生（图3－1、图3－2）。震惊世界的载人航天灾难性事故告诫我们，载人航天活动事关航天员的生命安全，其可靠性和安全性至关重要。

图3－1 挑战者号航天飞机升空时爆炸（上）

图3－2 哥伦比亚号航天飞机返航途中解体（下）

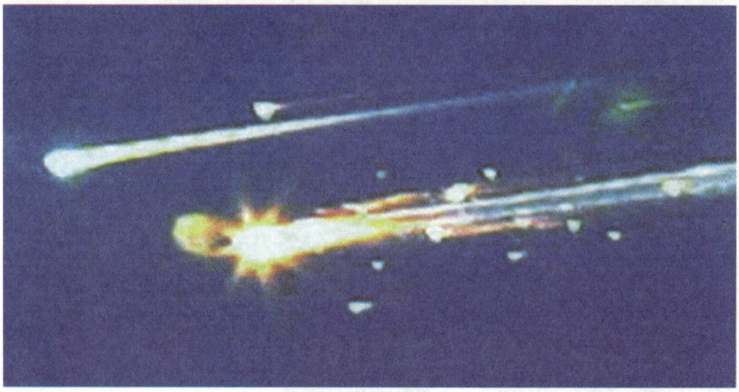

载人航天活动对火箭设计工作的影响究竟有多大呢？俗话说“人命关天”，载人火箭的研制工作都是围绕着“人”而展开的，为了完成将飞船和航天员可靠、安全、舒适地送入太空的使命，确保火箭的可靠性和航天员的安全性成为载人火箭的核心任务，由此决定了载人火箭必须要满足高可靠性、高安全性和高质量的“三高”要求。

载人航天是一项不能失败的事业，为此在载人火箭还未出生前，它的高可靠性和高安全性指标就设定了。而对于不载人火箭来讲，安全性无特殊要求。

2. 高可靠性意味着什么

实现高可靠性意味着什么呢？一般而言，组成结构和仪器设备的零部件越多，可靠性越低。对于长征 2F 载人火箭这一中国有史以来研制工作最为复杂的火箭，要实现高可靠性，工作应该要做到多么精细的程度呢？

打一个比方：在完全串联系统中，如果火箭零部件的可靠性为0.99999，即10万个零件中有故障的零件不多于1个，这种情况下组装的火箭的可靠性却只有可怜的0.37，也就是发射3枚火箭就有可能失败1枚，这样的火箭谁敢用来载人呢！而要使火箭的可靠性达到0.9999，就得要求零件的可靠性达到0.99999999，就是说1亿个零件中，不可靠的都不能多于1个，显然，这在工程上是很难实现的。本章第6节专门介绍了载人火箭是如何实现高可靠性的，在此不多赘述。

长征2F载人火箭的可靠性指标为0.97，即发射100次，失败不能超过3次；在这3次失败发射中，为确保航天员安全，又要求安全性指标达到0.997，即如果发射失败，危及航天员安全的事故的概率要小于0.003。由此可见，用于载人的火箭要实现高可靠性的要求有多么苛刻！

长征2F载人火箭实现高可靠性的过程用了10年——从工程立项到1999年首飞成功，经历了7年的艰难研制，到实现载人飞行用了整整10年的时间。

长征2F载人火箭虽然是在长征2E等火箭成熟技术的基础上开展研制的，继承了长征2E火箭的主要构型，但由于载人航天对火箭系统提出的高可靠性和高安全性要求，在研制中采用了许多新技术和新措施，增加了逃逸系统和故障检测处理系统。研制中，技术和工艺攻关项目大大小小加起来有100多项，还有55项新技术是国内火箭首次采用。所有这些使长征2F载人火箭成为目前中国可靠性和安全性要求最高的火箭。至2008年9月25日神舟7号发射，长征2F载人火箭已成功发射7次，发射成功率达到100%。这些指标都达到了世界先进水平。

知识链接

产品的可靠性、故障和安全性

产品的可靠性及故障：产品在规定的条件下和规定时间内，完成规定功能的概率，称为产品的可靠性。它是产品的一个重要的质量特征。产品丧失规定功能的状态叫做产品发生“故障”或“失效”。

产品的安全性：指产品不发生造成人员伤亡、职业病、设备损坏或财产损失等意外（危险）事件的能力。安全性要解决的问题是系统在正常运行和使用过程中，不会产生危险事件；当出现故障时，它的一些功能和性能可能会丧失，但不会产生危及人员和设备安全的危险事件，或将可能发生的危险事件的风险控制在可接受的范围内。

3. 长征 2F 载人火箭的特点

长征 2F 载人火箭虽然以长征 2E 火箭为基础进行研制，但它和长征 2E 火箭已有了内在和外在的不同，其总体参数和运载能力比较见表 3－1。

1）长征 2F 载人火箭为捆绑 4 枚液体推进剂助推器的两级串并联式布局。从箭顶到箭尾，依次为逃逸塔、飞船整流罩、二子级、一子级及 4 个助推器。

可以看出，出自长征 2E 捆绑火箭的长征 2F 载人火箭已经面貌一新了（图 3－3）！上部的逃逸塔和飞船整流罩是它特有的，助推器也加长了，而且增加了尾翼。长征 2F 载人火箭的布局图见图 3－4。

图 3－3 长征 2E 火箭与长征 2F 载人火箭（左）

图 3－4 长征 2F 载人火箭布局（右）

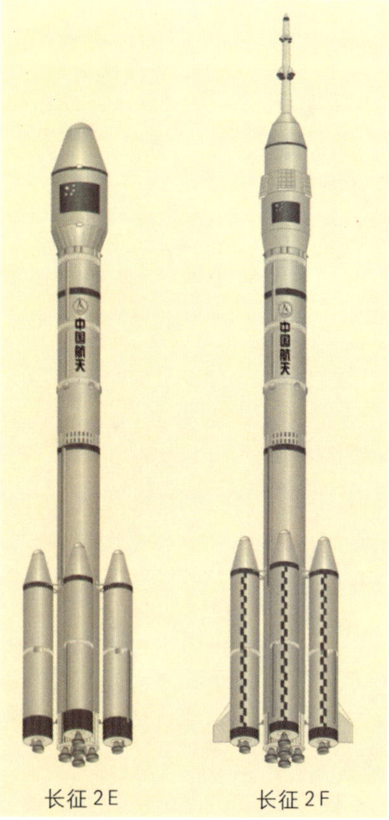

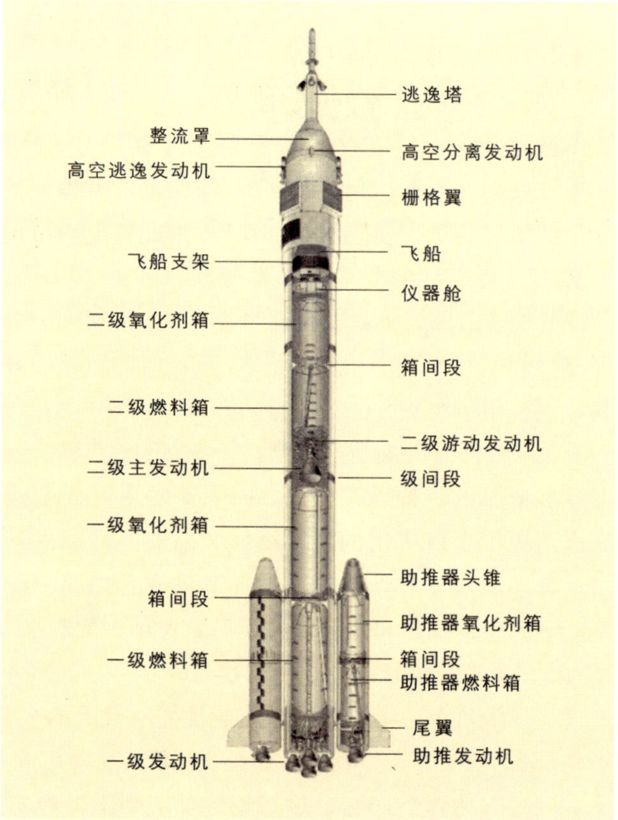

表 3–1 长征 2E 火箭和长征 2F 载人火箭总体参数和运载能力

火 箭	级 数	全长／米	箭体最大直径／米	起飞质量／吨	起飞推力／千牛	运载能力／千克
长征2E	2	49.686	11.45	462	5 923	9 200（200千米 LEO,倾角28°）
长征2F	2	58.343	12.23	480	5 923	8 100（200千米 LEO,倾角42°）

2）除外形之外，箭体内的部件也大不一样：长征 2E 火箭主要由箭体结构、动力、控制、推进剂利用、遥测和外测安全等系统组成；长征 2F 载人火箭与它最大的不同是增加了故障检测处理系统和逃逸系统：

- 故障检测处理系统在火箭飞行过程中一直检测判别火箭的飞行状态，对火箭是否出现需要逃逸的故障进行判断，并在确认火箭故障后自动向逃逸系统发出逃逸信号。
- 逃逸系统是为确保载人火箭在待发段和上升段飞行过程中航天员的安全而设置的。它的使命是当火箭在抛整流罩前发生重大危险，威胁到航天员的生命安全时，负责使航天员脱离危险区，并为航天员的返回着陆提供必要的条件。

为适应这种系统性变化，长征 2F 载人火箭的控制、遥测和外测安全等系统都按照逃逸救生的要求增加或修改了相应的功能，进行了可靠性和安全性设计。火箭的轨道、气动、载荷、环境、机械电气接口和发射场总装工艺流程等均进行了重新设计。长征 2F 载人火箭零部件的选用也有着严格的标准。

3）长征 2F 载人火箭采用垂直总装、垂直测试、垂直运输的“三垂”发射模式和远距离测试发控方式，这也是它的特色之一，而且在我国是首次采用。之所以在载人火箭的发射模式上首次启用它，是因为“三垂”模式使火箭运抵发射场后的大部分工作都可以在技术区进行。技术区的垂直测试厂房洁净度高、温度适宜，可以改善火箭测试环境，提高测试、发射的可靠性，还可以缩短发射准备时间，提高发射率，并为连续组织发射奠定基础。

通过设计人员的努力，长征 2F 载人火箭已成为我国目前可

知识链接

火箭系统的组成和功能

箭体结构系统：安装火箭的其他各系统和设备，并把它们联成一体，维持火箭外形和各系统工作，并传递外力。

动力装置系统：为火箭提供动力和能源。

控制系统：是火箭的驾驶员和领航员。对火箭飞行轨道、速度、倾角、姿态、动作和程序进行控制。

遥测系统：测量、记录火箭上各部位的温度、压力、过载、姿态等各种环境参数和状态数据，并实时转发给地面，供安全救生和飞行结果评定使用。

外测安全系统：与地面测量设备协同完成轨道测量任务、接受遥控指令，当出现无法纠正的故障危及地面安全时，将火箭炸毁。

推进剂利用系统：保证火箭在受各种内外干扰条件下，推进剂按预定混合比消耗，使剩余量最小，从而增大运载能力。

地面支持系统：完成火箭的运输、停放、起吊、组装、调平、瞄准、供配气、供配电、加注、导流等功能，配合火箭测试及发射。

还有故障检测处理系统和逃逸系统等共10个分系统。

靠性和安全性最高的火箭。可见，为中国载人航天设计的长征2F载人火箭有了脱胎换骨的变化。

4. 载人火箭的研制历程

火箭研制是一项庞大的系统工程，涉及许许多多的技术领域和部门，整个研制过程错综复杂、千头万绪，那么中国的载人火箭是如何诞生的呢？

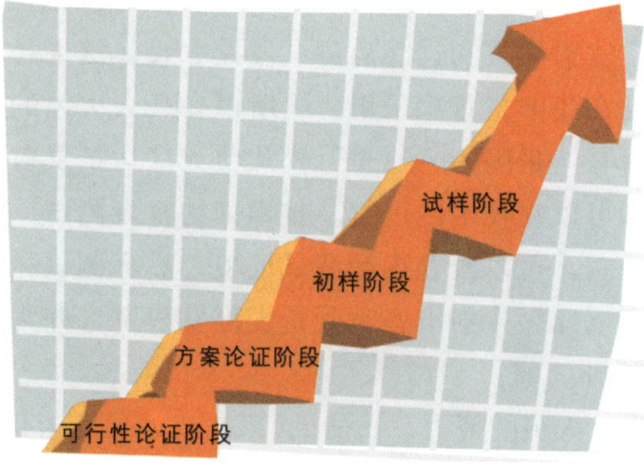

图3－5　火箭研制程序

为了保证设计质量，同时又节省经费、缩短研制周期，火箭总指挥和总设计师系统要严格按照航天系统工程的理念，将火箭的研制工作分为4个阶段： 可行性论证阶段、方案论证阶段、初样阶段和试样阶段，一步一个台阶地使载人火箭逐步成熟（图3－5）。

（1）可行性论证阶段——构想载人火箭

载人火箭的研制，首先要进行可行性论证，这是一项开拓性的工作。在这项工作开展之前，中国第一枚载人火箭是什么模样，在所有人心里都还是未知数。于是，设计师们展开了复杂的迭代式的构想：根据载人航天任务的要求，我们可能采取的方案有多少种？实现这些方案要靠什么技术途径？通过这些技术措施可能达到的指标是什么？按照设想的方案研制火箭，必须先要攻克哪些拦路虎……除此而外，还要对实现构想所需的经费、时间周期等进行估算，初步确定载人火箭研制成功所需的时间和投入。当然，这些工作都必须结合国情和研制任务的需求，使它能够满足载人航天的要求；通过攻克拦路虎，使方案真正可以付诸实现，这就是可行性论证。

（2）方案论证阶段——制定载人火箭设计规划书

可行性论证获得通过后，载人火箭正式立项，进入方案论证阶段，这标志着载人火箭的研制工作正式开始了。

火箭研制一开始，首先需要一支由专业人员组成的研制队伍。他们要对研制过程进行整体策划，编制出研制流程，制订出研制时间表；之后还要确定队伍的行动准则和总体要求，这就是质量保证大纲和可靠性、安全性、维修性保证大纲。

有了上述总体要求，设计师们就有了行动的指南，开始方案设计工作。为了达到大纲的要求，他们要通过对多种方案和技术途径的反复论证、比较，最终优选出总体和分系统方案，如选定火箭的级数、结构型式、发动机和火箭与飞船的分离方式等，开展大量的分析、计算和设计工作。

接下来就是制造一枚与真实火箭一样大的模样火箭，用于

知识链接

火箭系统工程思想

按照系统科学的思想，应用运筹学、信息论和控制论的理论，并以信息技术为工具组织和管理系统的规划、研究、设计、制造、试验和应用。在特定的时间、资源、技术和环境条件下，寻求大型复杂系统的最优解。根本出发点在于以最少的代价（人力、物力、财力和时间）、最有效地利用最新科学技术成就、获得最高的经济效益并达到预期的目的。为此，系统工程致力于系统整体的分析和设计，坚持从系统的目标和系统的整体性来解决一切有关问题，考虑系统各组成部分的相互影响和协调关系，并把社会因素和技术因素结合起来。

验证技术方案，确定火箭性能参数，解决关键技术问题，这就是模样设计和原理性试验。在方案论证阶段要确定出最佳方案，还要确定大型地面试验、飞行试验方案、验收方案和经费分配等。

（3）初样阶段——载人火箭全面验证

初样阶段的任务是把理论上设想的火箭各系统的方案变为实际的样机，并对分系统方案进行验证和补充，为下一阶段的工作提供准确的设计依据。在这一阶段，各分系统要进行初样设计和生产，还要开展单机和分系统试验，通过试验发现问题，进一步改进分系统的设计和工艺，反过来为总体提供进一步的设计依据。之后，要进行总体的初步设计（图3－6）和方案论证阶段确定的各项地面大型试验，包括进行风洞试验、振动试验、静力试验、分离试验以及各分系统初样的匹配试验等。根据初样试验提供的实际参数数值，进行各系统间的协调，修改原始设计数据，形成一套完整的、确切的设计数据，

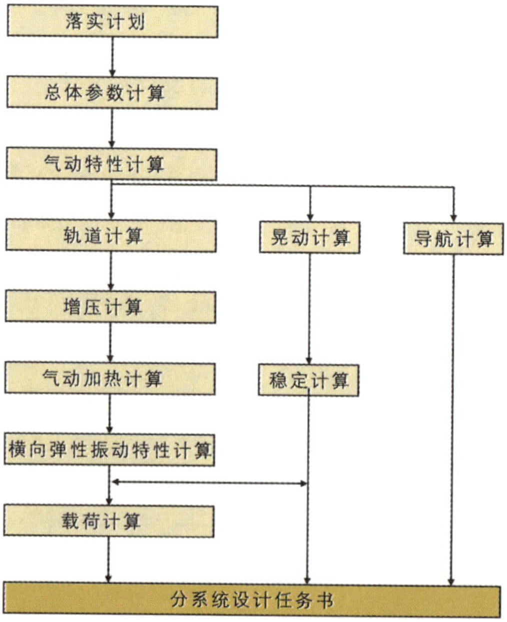

图3－6 初样总体设计程序框图

作为试样设计的依据。这时真正可以投入生产的载人火箭已呼之欲出了。

(4) 试样阶段——载人火箭诞生

试样阶段是对初样阶段的设计进行修改后，生产出可供飞行试验检验的真实火箭。至此，这枚经过千锤百炼的火箭终于诞生了！它究竟是不是符合最初的构想呢？因此在试样阶段，还要对总体和分系统进行试样设计、计算、试制，并通过各类试验检验火箭的性能，如进行单机、分系统和全箭的综合匹配试验、地面试验和飞行试验，从而对火箭的性能进行全面的考核和鉴定。

5. 选择载人火箭总体方案

通过前一节的内容，我们知道了在火箭的方案论证阶段要进行总体方案的选择。火箭总体方案包括火箭的类型、发动机种类、稳定控制形式、分离方案、结构型式和总体布局以及火箭外形等内容。

1）选择火箭类型是确定火箭总体方案所遇到的首要问题，设计师们要确定火箭的大概模样。包括采用液体火箭还是固体火箭、单级火箭还是多级火箭、多级火箭采用几级型式等内容。长征2F 载人火箭的类型确定为带助推器的两级火箭，习惯称之为“两级半”火箭。

2）对于化学推进剂火箭而言，推进剂占火箭起飞质量的85%～90%，它直接影响发动机型式、弹道特性和使用性能。目前火箭所采用的化学推进剂有固体和液体之分，长征2F 载人火箭使用的是液体推进剂，具有继承性好、发动机参数随飞行时间变化小等优点。

3）稳定控制形式指控制火箭稳定飞行的方案，包括利用燃气舵控制、利用摆动主发动机喷管控制以及利用与主发动机相对独立的姿控发动机控制等。

4）分离方案是指火箭不同部分之间的分离方式，对于长征 2F 载人火箭来讲，有逃逸塔分离方案、助推器分离方案、级间分离方案、整流罩分离方案和船箭分离方案等。

5）火箭的总体布局，是指合理安排火箭上各贮箱、舱段、整流罩、部件和组件的位置。火箭的总体布局与火箭的外形、尺寸以及总体和结构的基本方案密切相关。

6）火箭外形选择。进行气动选形优化设计，对可能采取的气动外形和措施进行大量的分析、计算和必要的风洞试验，最后确定满足总体性能要求的合理气动外形和气动操纵方案。特别是要对头部形状、级间段排焰孔、凸起物、尾翼等进行外形设计。

7）总体参数优化。火箭是现代科学技术的结晶，火箭设计具有技术先进性、综合性和高可靠性等特点。进行总体参数优化时不是只考虑技术先进或技术指标高，而应综合考虑可靠性、研制难度甚至经费和研制周期等多方面因素。

8）其他分析。除进行总体方案选择外，火箭总体设计还要进行多方面的分析，如有效载荷分析、飞行过载分析、飞行程序和落区分析、载荷和动特性分析等，这些内容在后面的章节中再进行介绍。

知识链接

总体参数优化要考虑的因素

在总体参数的优化过程中，技术先进性是需要考虑的因素。因为采用先进技术是提高总体性能最直接的办法。但是，由于新技术的应用时间短（或没有），其存在的不确定因素较多，相应地会降低系统的可靠性。因此，在火箭研制中有一条不成文的规定，即新型号的总体方案中，全新技术的比重不应高于 20%。

火箭研制是一项大型系统工程。火箭技术的综合性决定了在进行参数优化时，不能单纯考虑某一分系统的优化，而应力求在各分系统方案均可行的前提下达到总体性能最优。

作为地面不能随意控制、不可逆、飞行速度快、环境恶劣的飞行器，火箭的设计始终应把可靠性放在非常重要的位置，对于载人火箭更是如此。在进行总体参数优化时，重点要考虑如何简化方案、降低系统设计难度、采取各种措施提高可靠性等。

6. 载人火箭是如何实现高可靠性的

“千里之堤，溃于蚁穴”。载人火箭的高可靠性和高安全性的实现，必须要有坚实的基础做保障，这个基础就是每台单机和每个零部件的高度可靠。只有它们可靠了，才能保证火箭飞行可靠和航天员的安全。要让这支千军万马的队伍个个都是精兵强将，谈何容易，为此火箭研制者们可谓拿出了“十八般武艺”，全面出击。可以说，载人火箭的研制工程就是一项可靠性工程。

（1）可靠性设计的依据是什么？

可靠性设计的依据就是可靠性设计准则，它是提高产品固有可靠性的最关键和最有效的途径，这里将长征 2F 载人火箭的可靠性设计准则用通俗一点的语言表达为：

- 越是简单的就越是可靠的；
- 越是成熟的就越是可靠的；
- 对于成熟产品的薄弱环节，要做彻底的、有针对性的分析和改进；
- 对于“娇嫩”产品，要采取各种措施增强它们的抵抗力；
- 对于可靠性难以达到规定要求的产品，要采用冗余设计，增加备份（即使故障发生，也有顶替它继续工作的备用件，不影响火箭飞行）。

（2）提高可靠性要做哪些工作？

高可靠性要靠每一环节的高质量工作来保证；高质量的工作要有严格的法规来约束；严格的法规要靠有效的管理机制来落实。可靠性工作贯穿于长征 2F 载人火箭研制的全过程，从策划、设计、分析、生产试验直到管理、评估、培训。

策划——制定可靠性工作大纲、可靠性安全性设计准则、管理规定和工作制度，制定全箭电子产品环境应力筛选和可靠性增长试验方案等。

知识链接

让数字说话

——长征2F载人火箭可靠性的实现

火箭上用了 4 万多只电子元器件，要进行 100% 的筛选。

火箭飞行全过程不足600秒，但要求产品达到 600 小时的无故障工作水平。

控制系统采取了 14 项冗余设计措施，没有采用冗余设计的设备采用了 5 项提高单机可靠性的措施；外测安全系统采用了 16 大项提高可靠性的措施。

5个电气系统，即控制系统、推进剂利用系统、故障检测处理系统、遥测系统和外测安全系统都采取了冗余措施。

4 年间进行了近万次飞行仿真试验。

设计——制定可靠性设计指导思想和准则，进行可靠性指标论证和分配，开展总体和各分系统的可靠性设计。

分析——失效模式与影响分析（FMEA），确定可靠性关键项目；对结构强度、火工品供电线路和增压管路等进行最坏情况分析；对全箭、分系统、单机中影响可靠性的关键产品进行设计裕度分析；对控制系统的火工品供电线路、遥测系统的关键供配电线路进行潜通路分析。

生产——制定生产过程质量控制措施、工艺攻关和保障条件，严格控制原材料、元器件入厂验收，确定关键件、关键工序及质量控制点，不允许关键件超差使用等。

试验——通过进行环境应力筛选、可靠性增长试验、可靠性热试车和结构静力破坏试验、系统综合试验和系统匹配试验等，充分考核产品的可靠性。

正是通过以上措施，才使得长征2F 载人火箭的高可靠性得到了充分保证。

7. 载人火箭的大型地面试验

为保证载人火箭的可靠和安全，在研制过程中从元器件、单机到分系统，乃至整个火箭系统都要进行各种各样的试验，形成了由多到少、不同层次的金字塔式的试验结构（图3－7）。只有在大量地面试验的基础上才能进行飞行试验。由于载人火箭的特殊性，它要经历的试验更多、环境更严酷、条件更严格、形式更复杂，正可谓“千磨万击还坚劲，任尔东西南北风”，只有经过千锤百炼的火箭才能胜任载人飞行的需要。这里仅就长征2F 载人火箭研制中要经历的特殊地面试验进行简要介绍。

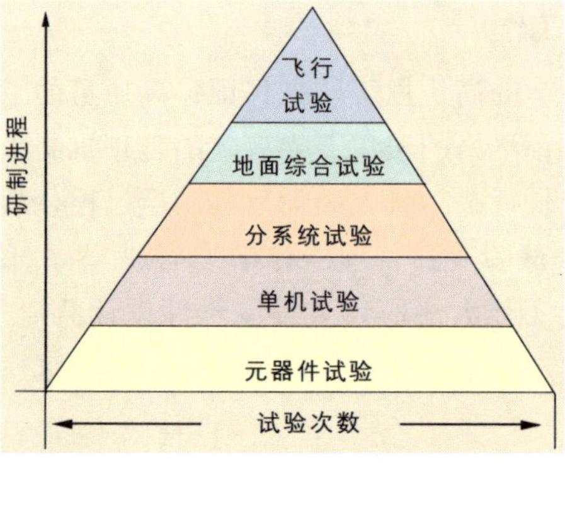

图3－7　金字塔式的试验结构

船罩联合振动试验：对飞船和其整流罩结构以及仪器设备安装结构进行动力学振动环境试验，同时摸清多大量级的振动才能导致飞船和其整流罩从联接状态变为脱离状态。

全箭垂直运输试验：主要用于检验火箭在垂直运输过程中，外界激励对火箭及其设备的影响，掌握火箭的动力学环境和模态。

地面风载荷试验：考核火箭对转场方式和地面风环境的适应性，验证结构地面风载荷设计的合理性，测量火箭在地面风载和垂直运输环境下的结构动响应。

全箭结构动特性试验：用于测定火箭飞行过程中弹性振动的固有频率、阻尼系数、广义质量以及火箭的振型、振型斜率等动特性参数，修正全箭动力学理论模型，为进行全箭载荷计算、船箭动力学耦合分析奠定基础（图3－8）。

图3－8 全箭结构动特性试验

栅格翼最大速度头展开试验：考核逃逸飞行器在火箭故障情况下的工作状况，获得逃逸飞行器环境参数及性能参数；考核逃逸飞行器结构强度；考核栅格翼释放机构在最大速度头状态下的解锁、展开及锁定功能。

返回舱与逃逸飞行器分离试验：模拟火箭飞行120秒至整流罩分离前火箭发生故障并逃逸后，返回舱与无塔逃逸飞行器的分离情况，验证分离系统设计的正确性和与飞船系统工作的协调性，考核分离时序是否合理、分离力是否满足设计要求、分离过程是否发生碰撞、分离后返回舱的姿态是否满足要求等（图3－9）。

图3－9 返回舱与逃逸飞行器分离试验

零高度逃逸飞行试验：模拟火箭在发射台上出现故障时，初始条件为“零高度”、“零速度”的逃逸救生飞行试验（简称零高度飞行试验），目的是通过试验检验零高度逃逸系统飞行器的气动特性、逃逸救生系统的救生指标、逃逸飞行器迅速脱离危险区的能力、逃逸程序的合理性、栅格翼释放机构的工作能力等，并用获得的零高度飞行试验数据，对逃逸系统飞行仿真软件进行修正。

8. 闪光足迹
——载人火箭研制中的重大事件

十年磨一箭，中国长征2F 载人火箭的研制历程中充满了艰辛和曲折。围绕着高可靠性、高安全性和高质量要求，研制人员攻克了道道难关，用4 年多的时间攻克故障模式筛选，用近4 年的时间将谁也没亲眼见过的逃逸系统从图画变成了现实……一步一个脚印，载人火箭研制人员通过刻苦攻关，实现了我国火箭发展史上的多个“首次”。

1）首次实现载人飞行。

2）首次实现火箭的可靠性指标0.97，航天员的安全性指标0.997。

3）首次实现火箭的远距离测试发射控制。

4）首次实现“三垂”发射方式，即垂直总装、垂直测试和垂直转运。

图3-10 栅格翼最大速度头展开试验

图 3－11　零高度逃逸飞行试验

5）首次研制成功故障检测处理系统。

6）首次研制成功逃逸系统。

7）首次研制成功全冗余控制系统。

8）首次研制成功高可靠、实时参与逃逸救生的遥测系统。

9）首次研制成功前置弯喷管三种异形固体发动机。

10）首次研制成功大型、无级变速、多点调平、精确定位、运输和发射两用的活动发射平台。

11）首次研制成功气动整流和逃逸两用的整流罩。

12）首次在火箭上安装可视系统。

13）首次进行了以下独具特色的大型地面试验：栅格翼最大速度头展开试验（图3－10）、整流罩热分离试验、零高度逃逸飞行试验（图3－11）、船罩分离试验。

第四章

载人火箭的飞天之路

—— 火箭轨道

虽然长征2F载人火箭每次只有10分钟左右的飞行历程，但如果这10分钟的飞行“失之毫厘”，会使飞船的入轨“谬以千里”。因此，设计师们为这10分钟倾注了大量的心血，这10分钟的飞行轨迹也是经典力学理论和现代工程技术精华的凝聚，是力和运动完美的结合。

1. 轨道与弹道有什么关系

在地面上发射一枚炮弹，炮弹的运动轨迹会形成一条抛物线。火箭在空中飞行也会有一定的轨迹，这就是火箭的轨道，有时也称火箭发射轨道或火箭上升段轨道。

在近代火箭出现之前，中国已将炮弹、子弹等的飞行轨迹称为弹道。导弹出现后自然也将导弹的飞行轨迹称作弹道。而在研究天体运动规律的天体力学中，中国也早已将天体运动的轨迹称做轨道。

按照我国航天术语标准，将导弹的飞行轨迹称作弹道，将运载火箭从起飞到把航天器送入运行轨道的飞行轨迹称作发射轨道或上升段轨道（图 4－1）。

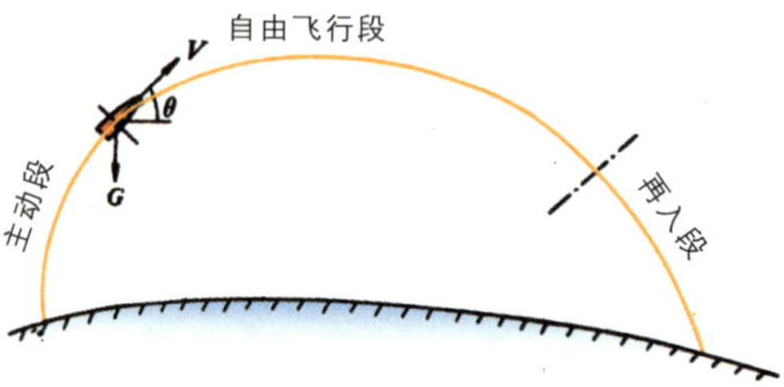

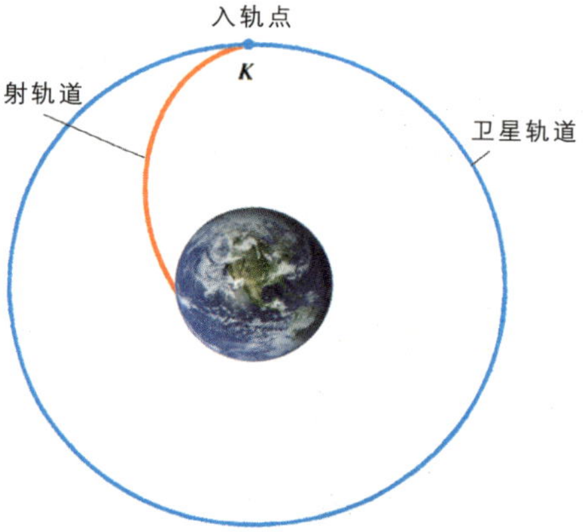

图 4－1 导弹的弹道和运载火箭的发射轨道

2. 火箭是如何飞行的

大家都知道，火箭的飞行遵循牛顿的作用力与反作用力定律，也就是火箭通过自身携带的推进剂在发动机中的燃烧，产生高温、高压燃气，高速向后方喷射，产生反作用力，推动火箭前进（图 4－2）。但更为精确的描述则需要应用变质量力学的方法。

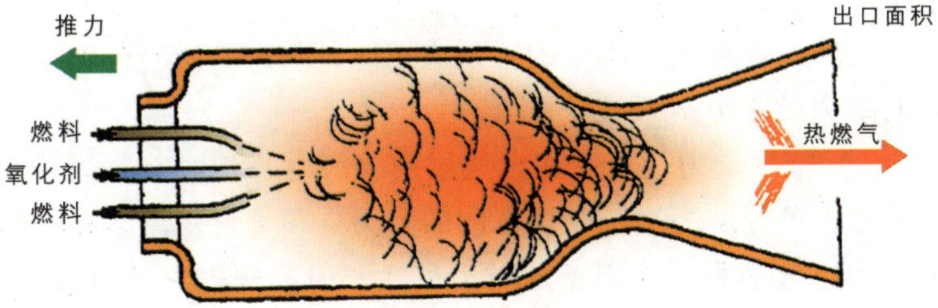

图 4－2 发动机产生的推力

3．火箭受到哪些力的作用，受力后按什么规律运动

(1) 火箭受力问题

知道了火箭的运动原理，现在让我们来看火箭的受力问题。飞行中火箭所受的力是各种力综合作用的结果，这些力除了发动机推力 P 还有地球引力、气动力、控制力、地球旋转引起的惯性力等。不考虑控制力和惯性力时，火箭受力情况如图 4－3 所示。

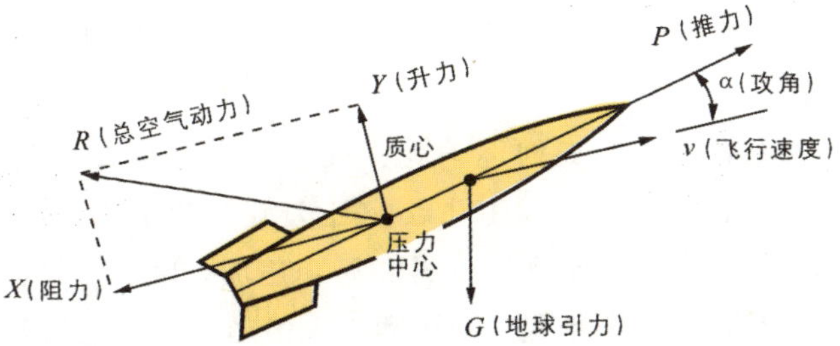

图 4－3 火箭受力简图

1）发动机推力与推进剂经发动机喷射出来的流量、喷射速度有关，同时飞行中大气压力对发动机推力也有影响。在实际的火箭研制工程中，还要考虑飞行过载、推进剂温度、推进

剂贮箱压力等因素对推力的影响。

2）地球引力是地球对火箭的吸引力，它服从牛顿万有引力定律。当假设地球为质量均匀分布的圆球时，地球引力的大小与地球质量和火箭质量的乘积成正比，与火箭质心到地球质心的距离的平方成反比。

3）空气动力是火箭在大气层中飞行时，相对空气运动产生的力，可分解为平行气流方向的阻力，和垂直气流方向的升力。当空气动力的作用不通过火箭质心时会产生气动力矩。

4）控制力是指火箭飞行时，通过空气舵、燃气舵或摆动发动机产生控制力和控制力矩控制火箭飞行轨迹的力，长征2F载人火箭用摆动发动机产生控制力和控制力矩。

5）惯性力是由地球旋转引起的，有离心惯性力和哥氏惯性力。离心惯性力与地球旋转角速度的平方和火箭离地轴的距离成正比，指向地球外；哥氏惯性力是在地球旋转下火箭速度引起的惯性力。

（2）火箭运动规律

火箭受到这么多力的综合作用，按照牛顿力学，肯定要改变运动状态，描述力和运动之间的关系是由火箭运动方程来完成的，它也是分析、计算或模拟火箭运动的基础。火箭运动方程求解起来比较复杂，通常要用计算机进行解算。在某些简化条件下，也可用解析法求解。火箭运动方程以经典力学为基础，涉及变质量力学、空气动力学、推进和控制理论等多方面的内容。

受力后的火箭如何运动呢？火箭这个庞然大物在飞行中可不会老老实实地只向上飞，它还会旋转和摆动，因此火箭设计师用加速度、速度、位置和姿态角加速度、姿态角速率、姿态角等描述火箭全方位的运动。火箭运动方程包括两方面：质心运动方程和绕质心的运动方程。质心运动方程是描述力和加速度、速度、位置之间关系的方程组，绕质心运动方程是描述力矩和姿态角加速度、姿态角速率、姿态角之间关系的方程组。

4. 飞船轨道和火箭轨道有什么关系

谈火箭轨道为什么先从飞船轨道说起呢？上节讲到了火箭力和运动的关系，但火箭飞行的目的地还没有交待。火箭设计师要按飞船的运行轨道来设计火箭的发射轨道，目标明确了，才好策划从起点到终点走什么路最好。

在中心引力场条件下，飞船轨道符合开普勒定律，是一围绕地球的空间椭圆轨道，通常用6个轨道参数来描述椭圆轨道（图4–4）：

1）轨道半长轴 a ——椭圆轨道长轴的1/2；

2）轨道偏心率 e ——椭圆两焦点之间距离与长轴的比值；

3）轨道倾角 i ——轨道平面与地球赤道平面的夹角（0°～180°）；

4）升交点赤经 Ω——卫星从南半球穿过赤道平面到北半球的运行弧段称为升段，这时穿过赤道平面的那一点为升交点，对称的另一点称为降交点，春分点与升交点之间的地心角为升交点赤经；

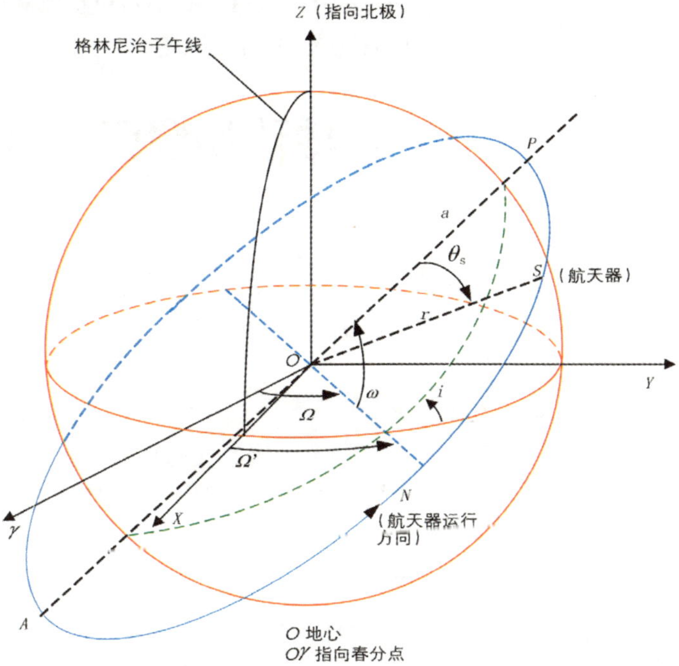

图 4－4 航天器轨道根数图

5）近地点幅角 ω——卫星轨道上距离地心最近的点称为近地点，距离地心最远的点称为远地点，近地点幅角是近地点与升交点之间的地心角；

6）过近地点时间 t_P ——卫星经过近地点的时间。

轨道半长轴和偏心率决定轨道的大小和形状，由半长轴和偏心率就可以求得轨道的近地点高度 h_P 和远地点高度 h_A；轨道倾角和升交点赤经决定轨道平面在空间的方位；近地点幅角决定椭圆轨道在轨道平面内的方位。

上述6个参数中，升交点赤经与发射时间和升交点经度有关，而升交点经度与发射场纬度和轨道倾角有关；发射神舟飞船对近地点幅角没有特殊要求；过近地点时间与飞船运行操作、发射窗口等有关，与火箭轨道设计没有直接的关系，所以与长征2F载人火箭轨道设计有关的主要是3个参数，即轨道半长轴a、轨道偏心率e和轨道倾角i（或近地点高度h_P、远地点高度h_A和轨道倾角i）。

5. 地球物理因素对火箭轨道有什么影响

火箭在地球引力场中运动，还必须考虑地球物理因素带来的影响。

(1) 地球大气

由于地球大气的存在，火箭在大气层飞行时会受到火箭与大气相对运动而产生的空气动力，还要考虑实际大气相对标准大气的差别，要分析大气参数偏差对轨道、制导、稳定、载荷等方面的影响。大气流动还会产生风，特别是在距地面5～15千米范围内（轨道的跨声速区和最大动压区）的高空风引起的气动载荷，它对火箭结构强度设计有很大的影响，因此，在发射时要通过高空风轨道修正，把高空风的影响降到最低。1992年长征2E火箭发射澳星时，就是由于高空切变风的影响，使星箭发生共振，导致卫星爆炸。

(2) 地球旋转

地球旋转是影响火箭发射的一个重要因素。火箭起飞前火箭固定在地面，一旦火箭发射起飞，火箭获得一个由地球旋转引起的牵连速度，这个牵连速度与发射点地心纬度、发射点离地心的距离有关。如果发射是顺行轨道，地球旋转是有利的，而且发射点纬度越低越有利；如果发射是逆行轨道，地球旋转则是个不利因素，火箭需用更多能量来克服地球旋转带来的不利影响，而且发射点纬度愈低，愈不利（图 4－5）。

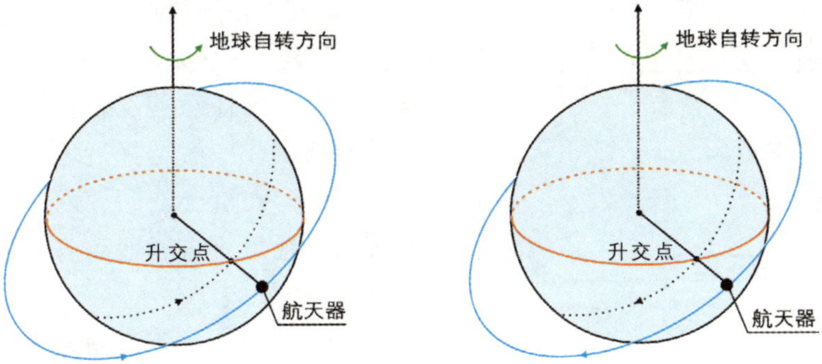

(a) 顺行轨道（与地球自转方向一致）
$0° \leqslant i < 90°$
(b) 逆行轨道（与地球自转方向相反）
$90° < i \leqslant 180°$

图 4－5 顺行轨道和逆行轨道

(3) 地球扁率

地球扁率使空间点相对地球表面的位置发生变化，地球赤道半径为 6 378 140 米，而地球两极的半径为 6 356 755.3 米，两者相差 21 384.7 米，使地球引力向赤道方向偏斜。所以地球扁率的影响是在轨道计算中必须考虑的一个问题。

(4) 引力异常和垂线偏差

地球的实际引力十分复杂，实际引力相对于正常引力的差异称为引力异常，一般在计算火箭轨道时可不必考虑。火箭惯性制导系统在起飞时是按发射点的重垂线进行初始标定，当存在垂线偏差时，会造成惯性制导系统基准的误差，一般垂线偏差约有 10 角秒的量级，因此在轨道计算时必须考虑垂线偏差对惯性制导系统基准的影响。

6. 如何进行载人火箭轨道设计

长征 2F 载人火箭要将神舟飞船送入预定的轨道，并要提供尽可能大的运载能力；火箭的轨道设计就是要根据飞船轨道的要求，设计出运载能力最优的火箭飞行轨道。

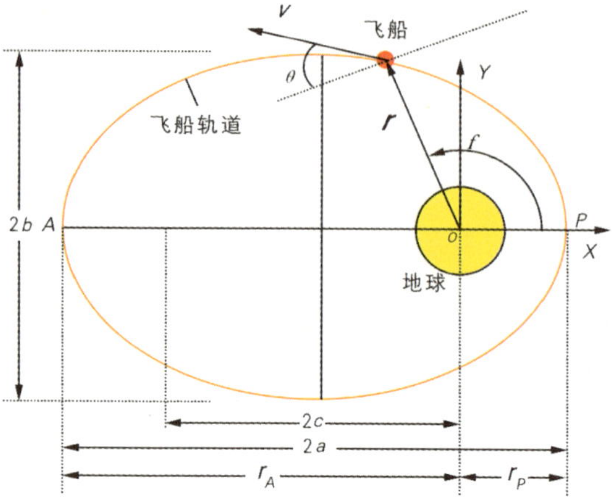

图 4－6　飞船的轨道

(1) 飞船入轨点的确定

飞船入轨点就是火箭飞行终点，也就是火箭与飞船分离将飞船送入轨道的那个点。在给定飞船轨道后，需要确定飞船的入轨点。从原理上讲，入轨点可以是轨道上的任意一点，但是从节省能量的角度，一般选择近地点或近地点附近作为入轨点。

入轨点位置用轨道近地点与入轨点之间的地心角 f 表示。

长征 2 F 火箭轨道要将神舟飞船送入预定轨道（图 4－6），必须在火箭的入轨点满足高度、速度 v 和轨道倾角 i 等要求，这也是轨道设计的主要目标。

为使火箭以最佳状态飞行，轨道设计时还必须考虑各种条件对火箭轨道设计的约束。轨道设计的约束条件主要有：

1）在稠密大气层（3～30 千米）内飞行时，要求火箭以接近零攻角飞行，以减小气动载荷和气动干扰；

2）要求降低火箭飞行中的最大动压和减小穿越稠密大气层的时间，因为它们对火箭飞行中气动载荷和气动加热有影响；

3）要保证火箭级间分离时有足够高的飞行高度及较小的攻角；

4）火箭各级箭体的落点位置要位于人口相对稀少的地区。

(2) 轨道设计参数的确定

要进行轨道设计必须先确定轨道设计的参数，我们知道，在火箭总体参数确定的条件下，决定火箭轨道设计的因素主要有：

1）火箭发射方位角，它决定火箭飞行轨道面在空间中的定向；

2）飞行中火箭推力方向（及火箭飞行姿态）随时间的变化规律，它决定火箭轨道曲线的形状和飞行速度及其方向的变化；

3）长征2F 载人火箭二级发动机由主发动机和游动发动机组成，游动发动机具有独立工作能力，在推进剂消耗总量不变的条件下，可合理设定游动发动机独立工作时间，实现二级主发动机关机后的小推力飞行，来提高火箭运载性能和降低飞行中的最大轴向过载；

4）二级飞行段的偏航机动，它可解决航区安全和轨道倾角之间的矛盾。

在以上条件具备后，就可以进行轨道设计了。火箭轨道设计流程见图4－7。

图4－7 火箭轨道设计流程示意图

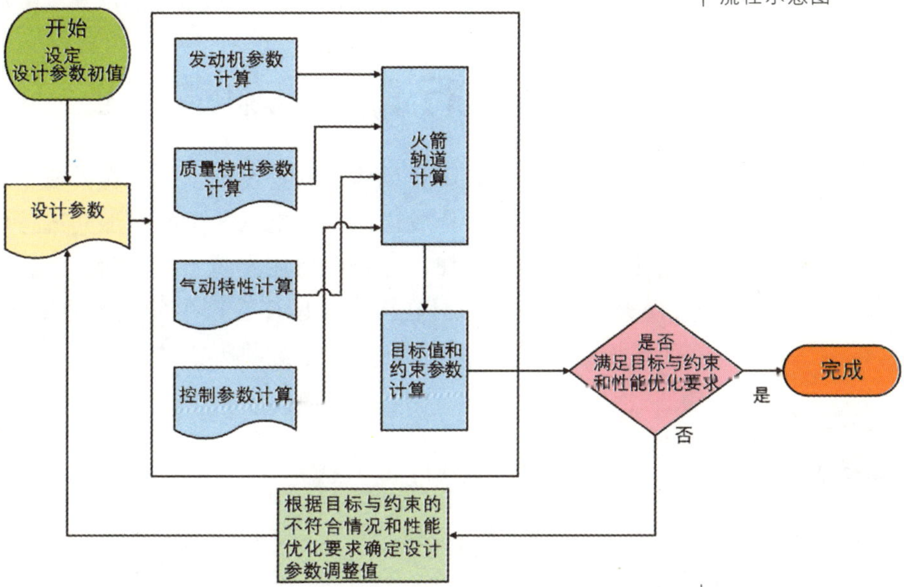

7. 载人火箭的飞行有什么特点

神舟飞船对火箭的轨道要求为：近地点高度＝200 千米；远地点高度＝350 千米；轨道倾角＝42.393°。在火箭的研制过程中，通过轨道设计确定初步的飞行程序，并通过载荷设计、结构设计、稳定性设计等多项工作验证飞行程序的可行性，最终通过控制系统的设计实现预定的飞行程序。

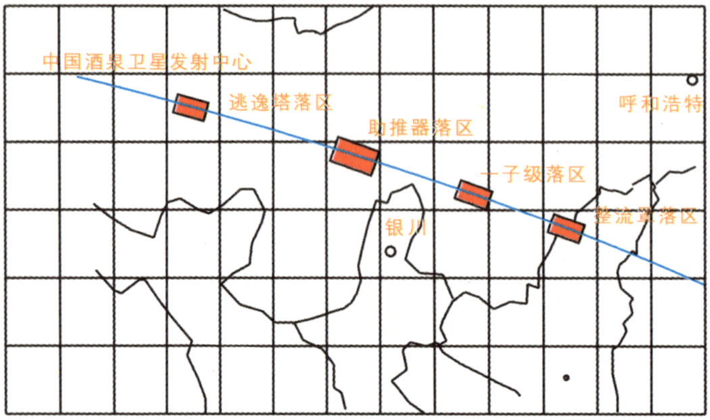

图4-8 长征2F火箭箭体落区示意图

为使火箭获得较好的加速性能，火箭各级箭体工作完成的部分需要脱离火箭。由于火箭的飞行高度相对较低，脱离掉的部分将不会被完全烧毁而落回地面。残骸落区就是指火箭分离掉的部分落回地表后，在地面上的散布范围。由于目前我国的火箭均在内陆发射，因此落区的选择是一个重要的课题，是影响火箭运载能力非常重要的因素（图4-8）。

8. 如何进行高空风轨道修正

前面已经讲到高空风修正的重要性。作用在火箭上的气动法向力与气流总攻角成正比，高空风产生的附加气流总攻角可能使气动法向力增加，导致作用在火箭上的法向气动载荷增加（使火箭受弯），同时在跨声速段还会产生复杂的非定常流场，使抖振载荷增加，严重的载荷会威胁火箭结构的安全性。因此

知识链接

气流攻角

火箭纵轴和火箭飞行速度矢量之间的夹角称为总攻角。相对不同的参考体，火箭的飞行速度有不同的含义。火箭相对地面的飞行速度可称为地速，相对大气的速度称为空速。当大气静止时(无风时)，地速和空速相等；当有风时，空速矢量的方向和大小会发生变化；空速矢量方向的改变，会产生附加的气流总攻角。空速矢量等于地速矢量与负风速矢量的合成。空速矢量与火箭纵轴间的夹角称为气流总攻角，地速矢量与火箭纵轴间的夹角称为轨道总攻角。总攻角可分解在俯仰和偏航两个平面上，在俯仰面上的称攻角，在偏航面上的称为侧滑角。

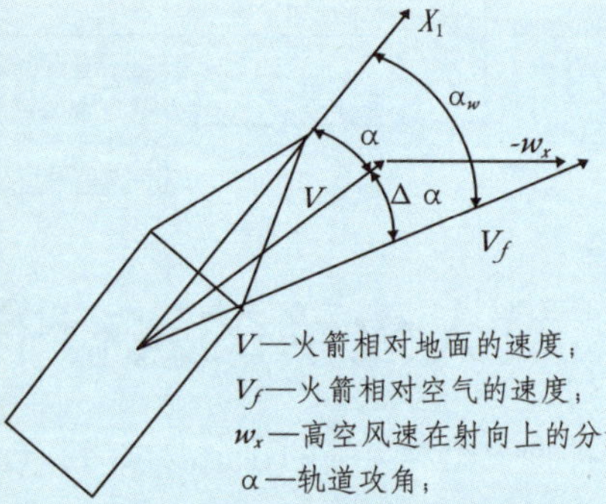

V—火箭相对地面的速度；
V_f—火箭相对空气的速度；
w_x—高空风速在射向上的分量；
α—轨道攻角；
α_w—气流攻角；
$\Delta\alpha=\alpha_w-\alpha$—附加气流攻角
（图中表示的侧滑角及附加气流侧滑角均为零的情况）

设法降低高空风引起的气流总攻角，降低作用在火箭上的气动载荷，会使飞行更为安全。

高空风轨道修正就是以最小气流攻角设计轨道，要求在跨声速段和最大动压区火箭纵轴和空速矢量一致，即气流总攻角为零。当风速矢量经气象预报确定后，在满足入轨条件和一级轨道倾角保持不变的约束下，通过求解轨道运动方程即可求得火箭纵轴的指向，即火箭飞行姿态角，完成轨道修正设计（图4－9）。

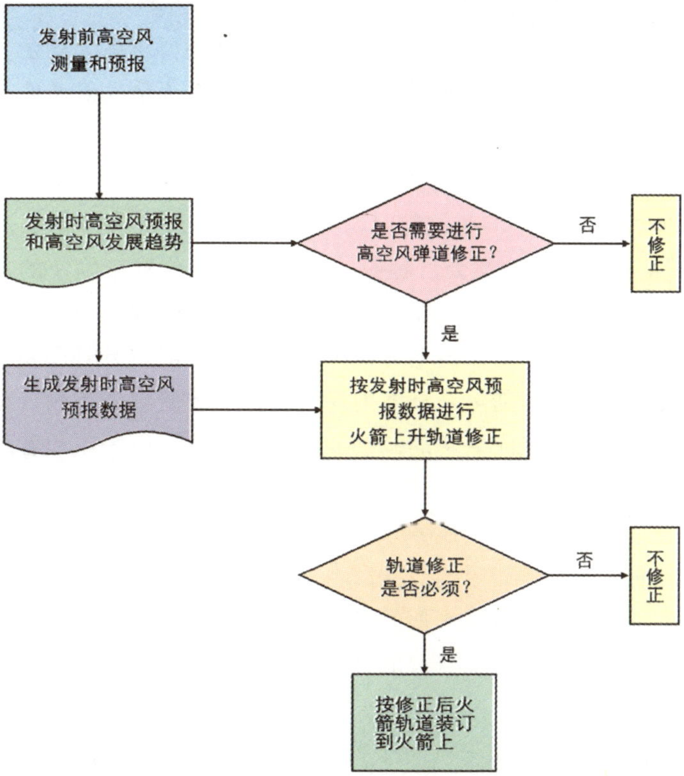

图4－9 降低气流总攻角的高空风轨道修正工作流程示意图

9. 火箭的发射时间是如何确定的

火箭发射飞船时，要求在一定的时间范围内完成发射，这样飞船才能按允许的时间和工作状态完成在轨飞行和返回任务。这个发射时间范围称为发射时间窗口，通常称为发射窗口。

早期火箭的发射窗口是根据光学观察条件来确定的，发射时间一般选择在凌晨或傍晚，这时太阳处于地平线的位置上，对飞行高度在数十千米的火箭，阳光能照射到火箭，而大地处于比较暗的环境中，产生较大的反差，形成较好的光学观察条件，以便对火箭飞行进行光学测量研究。例如发射我国第一颗人造地球卫星时，发射时间为北京时间21时35分，发射场当地时间为20时15分，这时大地已漆黑一片，而卫星在高空受到阳光的照射，人们可以用肉眼在夜晚的天空中观察到飞行中明亮的人造地球卫星。

在应用卫星出现后，卫星对发射条件的要求更为复杂。由于卫星的功能、用途各不相同，各类卫星对火箭发射条件有不同的要求，相应的发射窗口也不尽相同。

发射窗口实际上是根据对发射时间有影响的限制条件逐项加以分析和计算，通过综合分析，确定飞行轨道与特定对象（如太阳、月球、交会目标等）之间的相对位置来确定的。

载人飞船发射窗口的选择要考虑哪些因素呢？

载人飞船发射窗口要考虑太阳光照的影响，有时还要求在白天返回国内着陆场。其发射窗口宽度则要受到姿态测量和太阳电池阵对日定向要求的制约。另外，飞船运行区域和着陆场区的气象条件也是需要考虑的因素。

对飞船交会对接任务来讲，发射窗口的宽度还要取决于轨道面共面的要求。由于发射窗口的宽度极小，一般称为零窗口。在零窗口发射时火箭的发射时间几乎没有调整的余地，通常采用定时控制火箭点火的办法来实现零窗口的发射。如果火箭不能准时发射，则要推迟到第三天（对于目标飞行器为两天回归轨道）或第四天（对于目标飞行器为三天回归轨道）。这里所说的N天回归轨道是指星下点轨迹每隔约N天就重复一次的轨道。甚至要推迟若干天才能发射。所以零窗口发射对火箭的可靠性提出了更高的要求。

火箭也可以采用轨道机动的办法来扩大发射窗口的宽度，但这要求火箭提供更大的运载能力，来补偿由于轨道机动引起的运载能力损失。

第五章

载人火箭冲出大气层

—— 气动设计

地球是人类的摇篮，地球周围厚厚的大气是人类天然的保护屏障。但是，当人们想穿越她去开辟一条通往太空的道路时，她却并不十分情愿。然而，探索太空的梦想终究要实现，“人类不能永远生活在摇篮里，开始将小心翼翼地穿过大气层，然后去征服整个太阳系”。

1. 地球的保护伞
——大气层

火箭要冲出地球，必须要先穿越大气层，让我们先了解我们所居住星球的保护伞——大气层。

地球表面被厚厚的大气层覆盖着，其主要成分为氮、氧、氩、二氧化碳和不到0.04%比例的微量气体，这些混合气体被称为空气。

图5-1 月球上的环形山

大气层从地球表面一直延伸到2 000~3 000千米高空，但绝大部分的气体都集中在离地面100千米的高度范围内。大气层是人类的天然保护屏障：它为地球裹上一层层“充气被”，防止热量过快散失，温差过大；它还阻挡紫外线的辐射；另外它还是一道防撞缓冲壁，帮助我们抵御天外的不速之客，没有大气层，地球也将少不了像月球那样被撞得凹凸不平的环形山（图5-1）。

按照大气热力结构随高度的分布规律，可将大气层划分为对流层、平流层、中间层、热层和散逸层5个层次（图5-2）。

1）对流层是接近海平面的一层大气，其厚度随着纬度与季节等因素而变化。低纬度地区的对流层高度平均为16~18千米，中纬度地区平均为10~12千米，高纬度地区平均为8~9千米。对流层空气质量大约占大气总质量的75%。此层中的风速与风向是经常变化的，空气的压力、密度、温度和湿度也

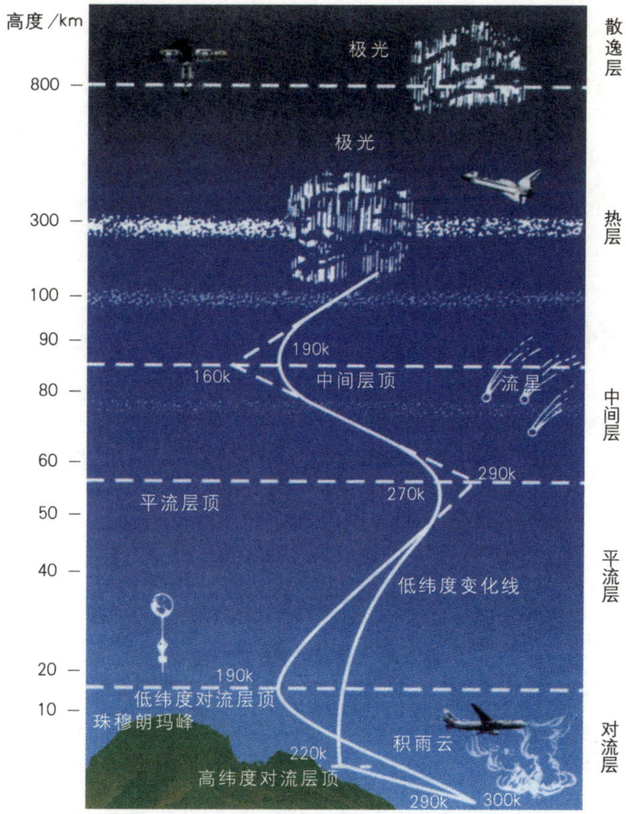

图5－2 大气层的物理划分及温度、压力等随高度变化的关系

经常变化，风、雨、雷、电等气象现象均发生在这一层里。

2）平流层是对流层顶端到海平面以上约50～55千米处之间的大气层，其质量约占大气总质量的1/4。在平流层内，随着高度的增加，气温最初保持不变或微有上升，到25～30千米以上，气温上升较快，到了平流层顶，气温约升至270～290K。平流层中几乎没有水汽凝结，没有雷雨等现象，也没有大气的上下对流，只有水平方向的流动，故称为平流层。

3）中间层的高度为平流层顶端到海平面以上80～85千米，其质量仅占大气总质量的1/3 000。这一层的气温随高度增加而下降，顶部气温可低至160～190K。

4）热层的范围是从中间层顶端伸展到约800千米的高度。在这一层内，随高度增加，空气温度上升。由于太阳的强烈辐射作用将空气分解成离子态，形成几个集中的电离层。其特点是空气被强烈电离，存在大量的自由电子。所以热层也称为电离层。

5）电离层以上的等温大气称为散逸层或外层。这层空气稀薄，只占大气总质量的$1/10^{11}$。

一般将对流层、平流层和中间层统称为低层大气。大气层对火箭的影响主要来自低层大气。

2．什么是标准大气

从海平面起，随着高度增加，大气的压力和密度都呈指数规律迅速减小。在200千米的高空，大气压力和大气密度只有海平面大气密度和大气压力的$1/10^{10}\sim1/10^{9}$。大气压力和大气密度是影响火箭气动特性的两个重要参数，随着高度的增加，大气对火箭的影响也逐步减小。

地球大气随时间、纬度、日月运行位置、太阳活动等在不断变化中，为进行火箭轨道的设计需要一种平均大气，即所谓标准大气。标准大气给定大气各种参数（如大气压力、密度、温度等）随高度变化规律。1980年我国制定了国家标准大气(GB1920−80)，它以1976年美国国家标准大气为基础。实际大气相对标准大气的差别，称为大气参数偏差。火箭设计师要分析大气参数偏差对弹道、制导、稳定、载荷等方面的影响。

3．什么是声障、热障与黑障

大气层是保护地球的天然屏障，但它也为人类冲出地球进行太空探索活动设置了各种障碍。

(1)声障

大展弦比的直机翼飞机在飞行速度接近声速时会出现阻力剧增、操纵性变坏和自发栽头现象，飞行速度也不能再提高，因此人们曾以为声速是飞机速度不能逾越的障碍，故称为声障。

人类在航空飞行中突破声障的办法：一是采用推力足够大

的喷气式发动机；二是采用更为合理的气动构型，如改用展弦比较小和翼剖面更薄的后掠机翼。

(2) 热障

航天器在加速飞行的过程中会与空气发生摩擦，空气受到阻滞和压缩，流速降低，动能转化为热能，使航天器表面产生严重的气动加热现象。这种加热轻则使结构材料性能下降，重则产生结构变形和破坏，对飞行器进一步提高速度构成新的障碍，即所谓热障。在了解气动热形成的机理和气动热产生的危害之后，可以采取一些措施尽量减少气动热的产生，如使用防热层、防热和隔热材料等。对于再入航天器，采用气化热大、热容量大、绝热性好的烧蚀材料，通过烧蚀材料的“牺牲”，保护火箭或各类有效载荷。

(3) 黑障

航天器返回舱等再入体返回大气层后，由于气动加热，贴近返回舱表面的气体和返回舱材料表面的分子被分解和电离，形成一个等离子层。由于等离子体具有吸收和反射电磁波的能力，因此包裹返回舱的等离子体层，实际是一个等离子电磁波屏蔽层。所以当返回舱进入被等离子体包裹状态时，舱外的无线电信号进不到舱内，舱内的电信号也传不到舱外，一时间，舱内外失去了联系，这就是黑障现象（图 5－3）。黑障的范围取决于再入体的外形、材料、再入速度，以及发射信号的频率和功率等。黑障区给载人飞船再入返回时的实时通信和再入测量造成困难，目前尚无很好的解决办法。好在造成屏蔽的时间很短，而且当返回舱出现黑障时，是处于正常下降轨道状态，没有无线电测控也影响不大，仅 4 分钟左右返回舱降至稠密大气层开伞减速后，黑障即可消除。

要彻底解决黑障问题，我们还要期待航天技术未来的发展。

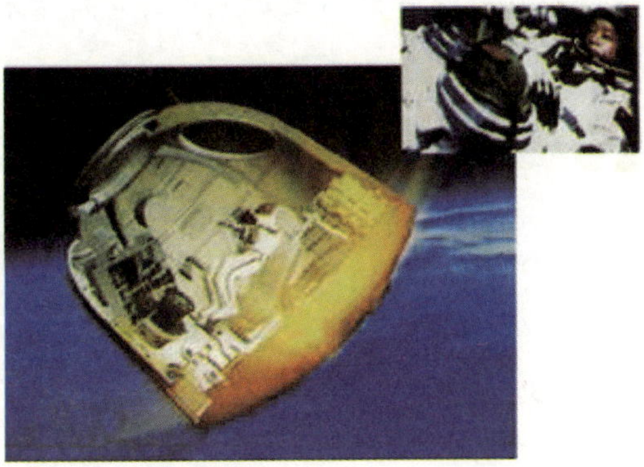

图 5－3 飞船返回舱进入黑障区

4. 火箭的气动特性是什么

火箭以极高的速度穿越大气层，大气层对火箭的飞行带来很大的影响，并直接影响到火箭的各项空气动力性能，严重时甚至会导致火箭飞行失败。因此，火箭气动特性是火箭研制系统工程中一个非常重要的研究专题。

火箭气动特性研究的理论基础是空气动力学，它所研究的是气体的运动规律。火箭气动力特性研究尤其着重于研究火箭和气体之间相对运动时，气体对火箭所施加的作用力的规律。在空中飞行的各类飞行器，都会涉及空气动力学的问题。飞机可以实现空中飞行，就是利用了飞机相对于空气运动时产生的升力作用，实现爬升、飞行、着陆等动作。图5－4为亚声速气流流过机翼时产生升力的示意图。图中箭头代表气流流动方向，由于流过上表面的速度较流过下表面的速度大，所以上表面的压力低于下表面的压力，这样就产生了一个向上的力即升力 L。可见，飞行器在空中高速运动时，平时我们看不见、摸不着的空气对飞行器所产生的气动力非常强大，在飞行器飞行中是不容忽视的。

火箭的气动特性主要包括阻力特性、升力特性和脉动压力特性等。在飞机空气动力学研究中，一般将空气托住飞机的重量、使飞机不会坠落的空气作用力称为升力，将阻碍飞机向前飞行的力称为阻力。火箭空气动力学也沿用了飞机空气动力学的定义：将垂直于来流方向作用于火箭的气动力称为升力，将

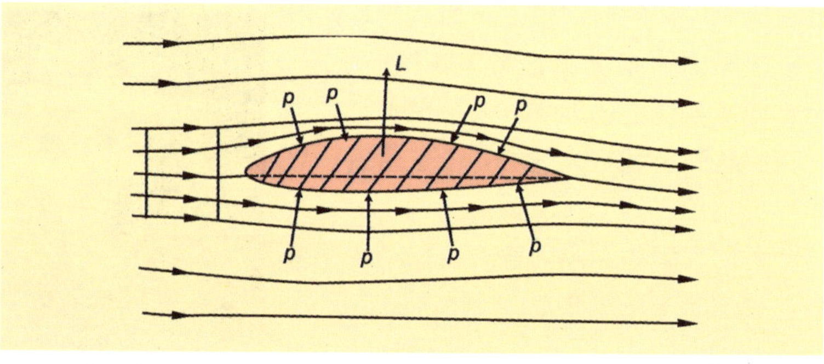

图5－4 机翼上升力的形成

平行于来流方向作用于火箭的气动力称为阻力，升力和阻力的方向都是以速度坐标系为准来定义的。

火箭在跨声速飞行时，在火箭横截面急剧变化的部位（如锥柱外形肩部、锤头外形收缩段）会出现气流分离、激波振荡和激波－边界层干扰，产生脉动压力，并激起火箭抖振响应和严重的噪声环境，因此脉动压力是火箭空气动力设计中必须考虑的问题。

5．地面验证火箭的气动特性——风洞试验

由于空气流动现象及飞行器外形的复杂性，飞行器气动设计中的许多问题都不可能单纯依靠理论方法得到解决，而必须通过大量的实验，找出其规律或提供数据，并且同理论分析结合起来研究，这样才能解决实际问题。风洞是进行空气动力学实验的一项基本设备，迄今为止的大部分气动力实验都是在风洞中完成的，因此航空、航天技术的发展与风洞技术的发展密切相关。风洞是什么呢？它是在一个按一定要求设计的管道系统内，使用动力装置驱动一股可控制的气流，根据相对运动原理和相似性原理进行各种气动力实验的设备。

我们看一个比较简单的亚声速风洞构造（图5－5），它是由两端开口的变断面的管子构成。它的最前一段称为进气段，中间是最狭窄的部分——工作段，最后是扩散段(逐渐扩大的管子)，在扩散段的尾端装有带动通风机用的电动机。通风机吸入

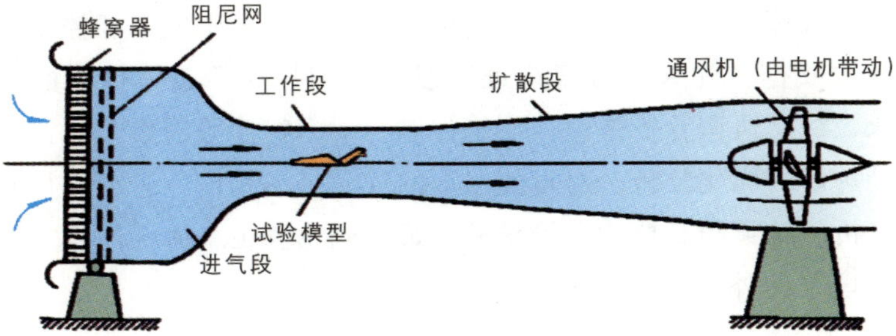

图5－5　最简单的风洞示意图

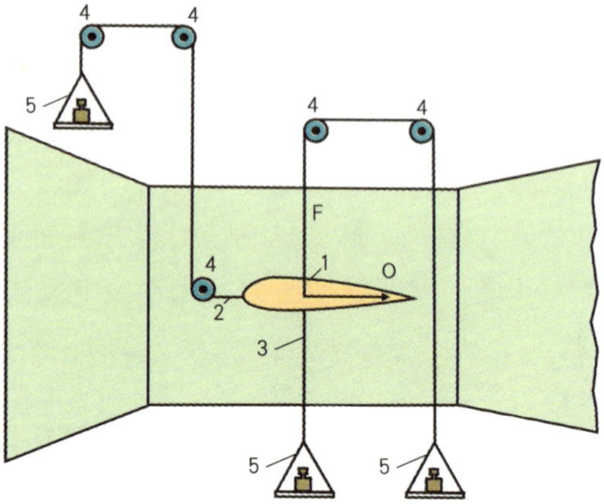

图 5－6 最简单的空气动力天平原理示意图

1－试验模型；
2－在阻力作用下支持模型的绳；
3－感受升力作用并支持模型的绳；
4－滑轮；
5－天平盘

空气，在风洞中造成人造气流。在风洞工作段内，于气流中放入被试验的飞行器模型，模型固定在专门的天平上（图 5－6）。当风洞中有空气流过时，在模型上所产生的气动力就会被天平感受到，于是天平就指示出气动力的大小。这种天平称为空气动力天平，它能测出阻力、升力和力矩。

在风洞中不仅能测出作用在模型上的力和力矩，而且可以测出在模型表面上的压力分布。

火箭在研制过程中需要在风洞中进行多种试验，包括全箭气动特性试验、测压试验、脉动压力试验、低速大攻角试验、竖立风载试验和级间分离试验等。

> **知识链接**
>
> **旋成体**
>
> 旋成体就是由一条母线（光滑曲线或折线）围绕某轴回转而成的物体，该轴称为旋成体的体轴。旋成体的任一截面都是圆形的。包含体轴的任一平面称为旋成体的子午面。显然，旋成体边界与任一子午面的交线，即是母线。在任一子午面内，旋成体的边界形状都是相同的。

6．如何塑造火箭的形体
——火箭的气动选型

火箭虽然是个庞然大物，但是它的形体可不能不加控制地随意安排。在火箭方案论证阶段，要根据火箭总体性能的要求，综合协调分析弹道、姿态控制、动力特性等因素，进行气动选形的优化分析，对可能采取的气动外形和措施进行大量的分析、计算和必要的风洞试验，最后确定满足总体性能要求的合理气动外形和气动操纵方案。

火箭在大气层内飞行，经历亚声速、跨声速、超声速和高超声速等几个阶段。气动外形设计时要考虑到多方面的气动要求：

1）具有一定的飞行稳定性和操纵性；

2）气动阻力小；

3）箭体上凸起物布局合理、滚动力矩小；

4）箭体上脉动压力小；

5）外形制造简单、工艺性好；

6）便于运输。

火箭与飞机相比，外形相对简单，通常由长细比较大的旋成体构成箭体，有的火箭还有“+”字型小展弦比尾翼（图5–7）。

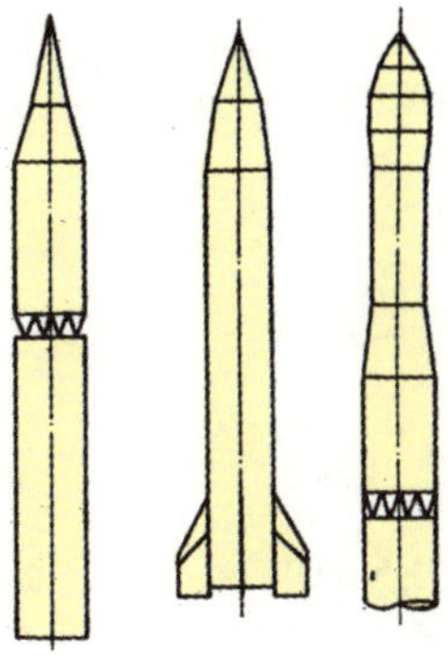

图5–7　火箭外形示意图

火箭外形选形需要进行头部形状、级间段排焰孔、凸起物、尾翼等外形设计。

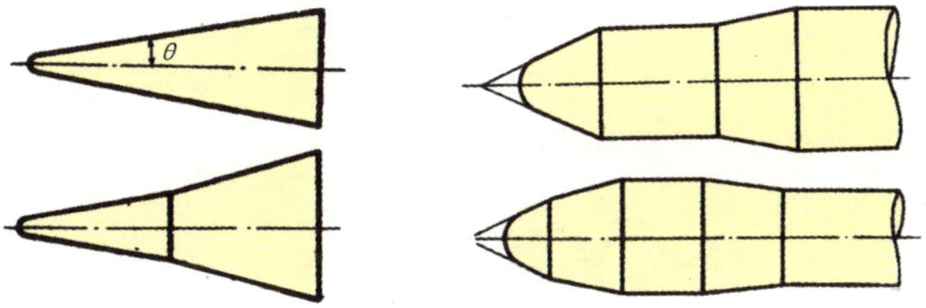

图5–8　火箭常用头部外形

火箭头部常用外形有：组合锥、锥－柱－裙和锤头形（图5–8）。

火箭头部外形主要由有效载荷尺寸决定。通常，有效载荷

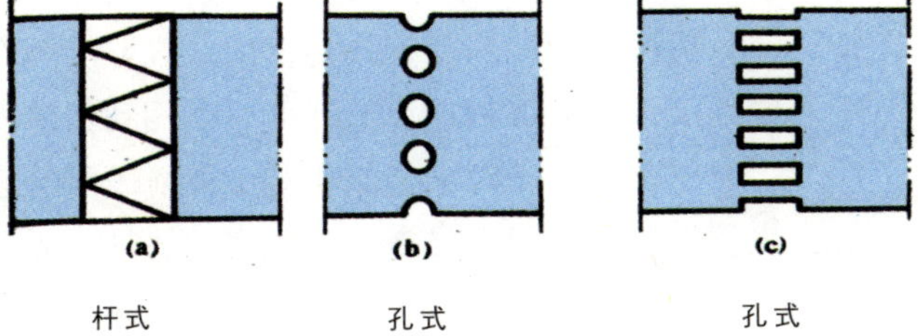

图5–9　级间段开孔形式

尺寸较大，其整流罩必定具有大钝锥外形，同时必须与结构布局协调。多级火箭采用热分离方案时，通常在箭体上设计级间排焰开孔段，开孔形式大体有两类：杆式和孔式（图5－9）。

由于箭体上需安装天线、推进剂输送管和电缆等，为了使它们在飞行中不被破坏，往往要给它们装上保护罩。这些保护罩在保护设备的同时也使原本光滑的火箭外形多了一个个的凸起物，空气流经箭体时遇到这些“绊脚石”，使得火箭的气动特性发生了改变。要使火箭不受影响，就得请气动设计师出场救驾了。他们进行相应的气动设计，对这些凸起物进行合理布局，将不利影响化为有利，达到一举两得的效果。

图5－10 长征2F火箭不同部位使用的防热材料

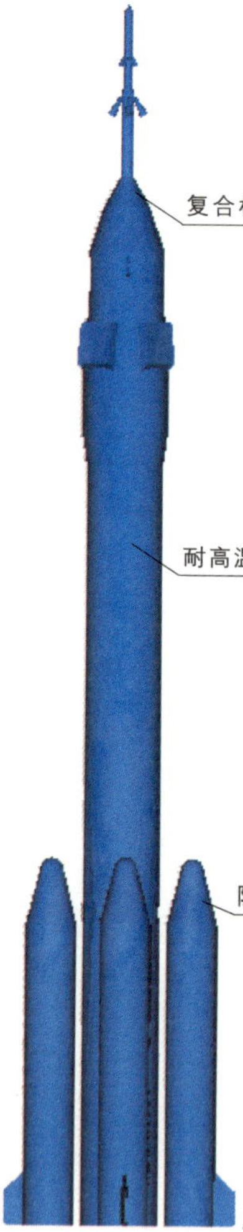

火箭配置尾翼的目的是改善火箭静稳定度。静稳定度大小直接影响火箭刚体稳定性和控制力的选取。若控制力大，不带尾翼的静不稳定火箭也能稳定飞行；反之，则必须选择合适的尾翼参数才能改善火箭刚体稳定性，使火箭稳定飞行。大型火箭由于箭体细长，弹性振动影响大，往往通过配置尾翼来改善稳定性，这样有利于姿态控制系统的设计。

7. 什么是气动加热

我们知道，日常生活中将两个物体进行摩擦会产生热。同样，摩擦生热的原理也适用于火箭在大气中的飞行。根据运动相对性原理，火箭在大气中运动所产生的热，可以看作火箭不动，大气向火箭运动的相反方向运动所产生的热。这时火箭表面与空气摩擦，紧靠壁面的一层空气被阻滞下来，形成边界层；边界层中的空气由于运动被阻碍，动能转变为热能，使空气温度升高，对箭体壁面产生气动加热。火箭在低速时气动加热现象不明显，但到了超声速时，气流相对于火箭表面的速度很高，也就是气流的能量很高，因此气动加热会变得非常严重。

严重的气动加热会对火箭带来很多危害，如使火箭壳体温度迅速升高，严重时烧坏火箭的壳体，甚至会烧坏火箭内部的仪器，导致火箭发射任务失败。为了保护火箭，设计师经过分析要对火箭气动加热严重的部位（如火箭头部整流罩、翼面前缘等）和需要特殊保护的“娇嫩”部位（如仪器舱、低温推进剂贮箱等）进行热防护设计，如使用耐高温的合金材料、陶瓷材料、防热材料或隔热材料等。长征2F 载人火箭不同部位使用的防热材料见图5－10。

8. 火箭的结构热试验

火箭进行热防护设计后，还要通过充分的地面热试验和飞行试验对热防护进行验证和考核，从而不断完善设计，使热防护设计更加合理。

在地面怎么复现火箭在空中飞行时的气动加热呢？火箭设计师们采用了模拟试验方法，以传导或辐射加热方式为手段来模拟火箭在空中的强迫对流换热，如采用电弧加热器、发动机燃气流和加温等加热方式。它们虽然和火箭飞行时的换热机理不同，但可以根据能量一致的基本原理，真实模拟结构表面吸收的热能，建立起两者之间的等效关系。

图5－11 整流罩热分离试验

结构热试验研究主要有三方面的内容：一是以加热为主的热环境模拟技术；二是温度、热流、高温应变等结构热响应测试技术；三是热试验分析与试验设计。典型的热试验有防热结构性能筛选试验、仪器舱热环境试验、翼面部件的结构热强度试验和发动机喷管热－振联合试验等。

长征2F 载人火箭整流罩纵向采用机构连接解锁，这种机构对配合间隙有严格的要求。连杆使用的材料和被连接的整流罩对接杆的材料是不同的，飞行中的气动加热会使材料产生变形，不同材料变形是不一致的，这就可能导致解锁机构在高温下性能发生变化，会使热分离失效而发生飞行故障。所以必须通过整流罩热分离试验来考核纵向解锁机构在高温下的解锁功能和性能，检验结构热防护性能和分离可靠性。在长征2F 载人火箭的研制中，整流罩热分离试验（图5－11）是独具特色的试验之一。它依据整流罩各部位的最大热流密度和总加热量核算成各部位的温度场，用加热的办法模拟飞行时的温度场，实现整流罩的热分离。

9. 火箭为什么也要透气

小时候我们都玩过吹气球，吹气球的时候总希望把气球吹得越大越好，可是往往吹得起劲的时候，气球突然就爆炸了。这是因为我们一厢情愿地吹气，相当于不断地给气球内部增加压力，而气球外部的压力也就是大气的压力是不变的，当气球内部与外部压力差大到气球不能承受的时候，气球就会爆炸。

火箭的排气孔也是为了防止火箭由于内外压差引起火箭结构破坏而设计的。火箭的一些舱段是由不同的封闭圆筒段、锥段组合而成的，如卫星的整流罩、仪器舱等。封闭的结构在外界环境发生变化时会产生一系列的问题，例如：飞行过程中，随着火箭的迅速爬升，火箭外界的环境压力急剧下降，火箭相应舱段的外界压力也随之急剧下降。如果火箭舱内的压力保持不变，会使火箭的外壳受到很大的内压，就像往气球中不断吹气增加气球内部的压力一样。当超过火箭外壳所能承受的极限时，火箭结构就会被破坏。

火箭上设计排气孔，可以有效地平衡火箭封闭舱段的内外压差，保护火箭的结构。

第六章

载人火箭的动特性

—— 结构动力学

火箭的动特性研究是结构设计、火箭稳定系统设计和载荷计算的基础，在火箭研制工作中占有很重要的地位。主要包括两方面的工作，一是摸清火箭振动的振型和频率等，二是进行动力学耦合载荷分析。火箭设计师了解了这些情况后，才能通过合理的设计，保证火箭稳定飞行，保证火箭上仪器设备和飞船的安全，保证航天员有舒适的飞行环境。

1. 结构静力学与结构动力学

火箭研制开始时，结构设计是工程具体展开的第一步，也是最重要的、决定工程成败的一步。结构设计要全面考虑所有因素，如使用性、工艺性、维修性、经济性……而其中最重要的一个方面是结构在使用过程中抵抗它所有可能遭遇到的外载荷的能力，结构力学就是研究这一课题的学科。结构静力学和结构动力学都是结构力学的分支。

结构在外力作用下会产生变形。在材料的线弹性范围内，固体的单向拉伸变形与所受的外力成正比，这就是著名的胡克定律。日常生活中最普遍应用这一原理的器具就是弹簧秤。但是当外力增大到一定数值后，这个比例关系会遭到破坏，那时增加不多的力就会导致很大的变形，紧接着会出现力不增加甚至下降，变形仍继续迅速增长直至破坏。这些内容都是结构设计中结构力学和强度计算要做的工作。这种把力当作不随时间变化或者变化相当缓慢的情况，属于结构静力学研究的范畴。

显然火箭飞行过程中，特别当飞行状态变化时，如起飞、一二级分离、整流罩分离等情况时，作用在火箭结构上的外力，以及由此引起的结构各部分相互间的作用力（工程上称为载荷）都是随时间剧烈变化的，这时结构和结构上装载的设备都要随外力变化产生强烈振动。这种振动，因为设备本身的质量产生强大的惯性力，它又通过安装设备的连接件把力作用到结构上。这时装在结构上的设备相当于一个“质量块”，与设

知识链接

结构力学的学科体系（按研究性质区分）

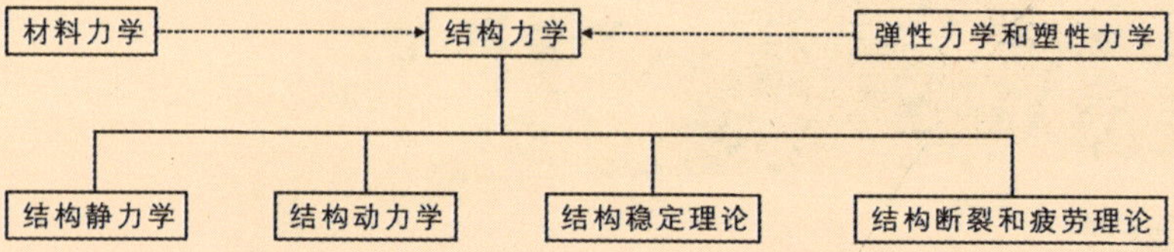

备相连接的结构相当于一个“弹簧”和弹簧下面的“基座”（图6－1）。这个“基座”直接接受外力或周边结构的激励产生振动，并通过“弹簧”把振动传送到连接在它上面的“质量块”。这种研究随时间变化的力、随时间变化的结构变形和随时间变化的运动物体惯性力的学科就是结构动力学。

可见，与结构静力学不同的是，结构动力学所考虑的力和变形都是随时间变化的，此外还增加了运动物体的惯性力和阻尼力，它们也是随时间、随运动变化而变化的。

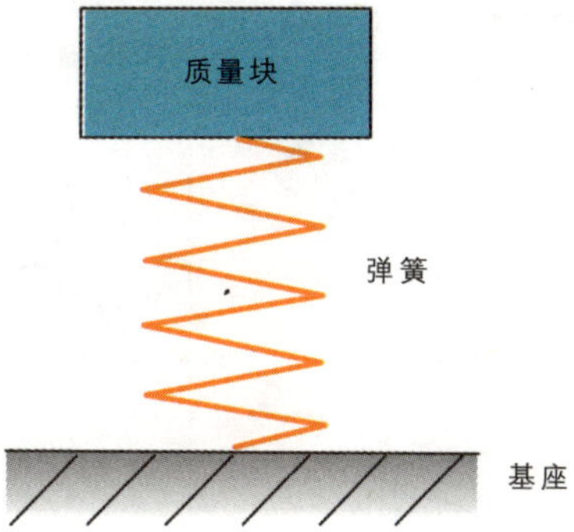

图6－1 火箭的振动模型

2. 为什么要研究火箭的动特性

火箭结构设计是否成功，由谁说了算呢？这时结构静力学和结构动力学就是结构设计的主考官，只有当结构静力、动力分析都过了关，才能发放生产通行证，交付工厂生产。重要的和复杂的结构还需要经过静、动力试验去验证分析的正确性，并搞清楚结构最先出现破坏的部位和载荷。通常，设计载荷大于结构实际使用要求的载荷，两载荷之比大于1的部分，将被认为是该设计所持有的余量；两载荷之比被称为安全系数。

无论是静力学分析还是动力学分析，它们共同的基础工作是建立结构的数学模型。随后在静力学分析中用已知外力（大小、方向）施加在数学模型上，计算结构各处的变形和应力。在动力学分析中有两项工作：一是结构动特性计算；二是用给定的外力－时间历程（及方向和作用位置）计算结构整体的动响应（图6－2）。

全箭结构动特性对火箭飞行的姿态控制和飞行稳定性有着特别重大的意义，对于火箭总体布局、选定重要部件的位置、防止火箭的剧烈振动、保证航天员飞行的舒适性也是必不可少的一环，因此在火箭研制中占有重要的地位。全箭结构动特性计算的试验验证也是全世界所有火箭研制过程中都必须面对的课题，一般称作全箭结构动特性试验，又称模态试验。

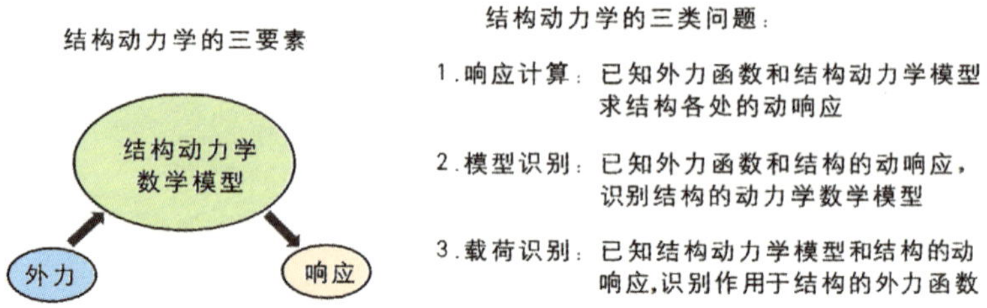

图6－2 结构动力学的研究对象

3．认识火箭的结构动特性

我们用一个简单的实例来解释什么是火箭的结构动特性。考虑单个的质量块及弹簧的模型，在这里质量块只能沿弹簧轴线方向（铅垂方向）运动。在质量块上沿弹簧轴线方向缓缓地加上一个外力，弹簧便按力的方向被拉伸或压缩，当外力突然消失，原先弹簧与外力抗衡的力成为使系统恢复到原始位置的恢复力，它直接作用在质量块上使质量块加速。在无阻尼情况下运动将继续保持往返（图6－3）。这种弹簧质量块（单自由度）系统的动特性，就是这种往返运动的形式（又称振型或模态）和每秒钟往复的次数（频率）。同时上面叙述中特别指出是当外力突然消失后出现的现象，通常称为自由振动的情况。显然火箭全箭动特性比上述单自由度弹簧质量块的情形要复杂

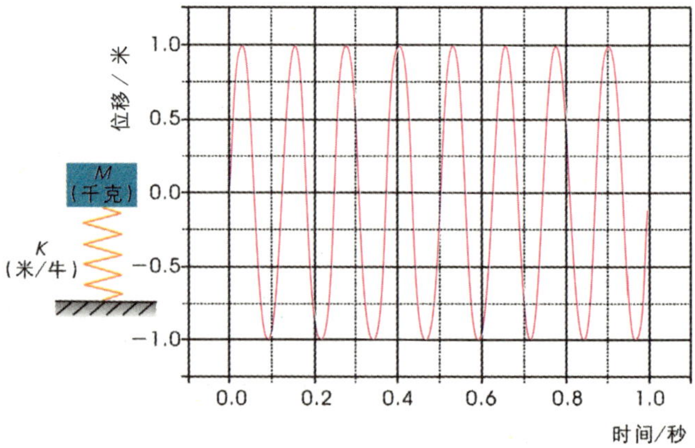

图6－3 弹簧质量块的运动

很多，但基本内容就是上述自由振动时的模态和频率。由于火箭通常是一个细长体，因此它的模态和梁的模态十分相近。图6-4是按匀质梁考虑时，火箭前二阶模态的形状。而匀质梁上不加任何约束（支撑或固定），这完全是为了模拟火箭飞行的状态。

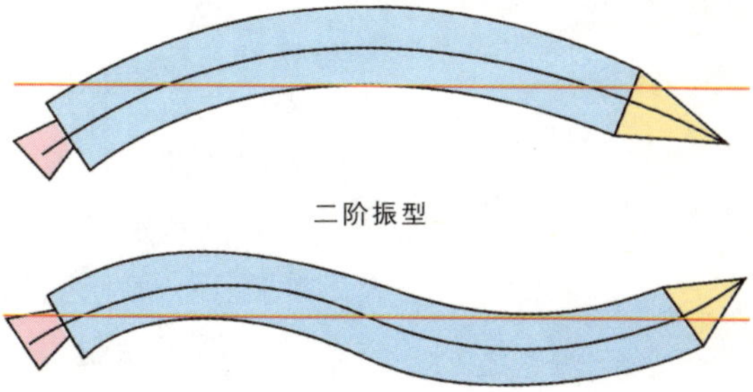

图6-4 火箭的一、二阶振型

结构动特性计算是结构动力学各种计算中最基础的一项工作，而结构动特性又完全取决于结构具体的刚度布局和质量分布，在结构数学建模中它们是以刚度矩阵和质量矩阵来描述的。其中刚度矩阵反映了模型中各结点相互间力和变形的关系，质量矩阵通常用来描述运动产生后分布于结构各处的质量（惯性力）力。在结构动力学建模时，刚度矩阵和质量矩阵都是根据结构设计图纸来建立的，这种模型是三维物理空间的模型。模型中所有结点都互相连接、能互相影响（传递力、分摊变形）。为了计算在给定外力作用下结构各部分（模型的各个结点）在空间的运动，以及结构各部分间的作用力，还要建立结构动力学运动方程组。

4. 船／箭耦合载荷计算

火箭从点火起飞直到船箭分离的过程中，要经历随时间急速变化的外力作用，耦合载荷计算就是要确定由火箭通过船／箭界面传递给飞船的载荷。可想而知这一计算有多么重要，因为计算所得的结果用于判定飞船所受载荷是否小于飞船设计时所允许的载荷条件，确保飞船整个飞行过程的安全性，这也叫做船／箭相容性分析。

耦合载荷分析从结构动力学的角度看，就是结构动力学响应计算。因此做这项工作必不可少的两个条件是：1）给出结构动力学数学模型；2）给出所有外力作用点、方向以及随时间变化的规律。因此首先要把飞船和火箭二者的数学模型组装

知识链接

带谷试验

指在进行力学环境试验时，在试验谱中对某一频率或某一频段的试验量级进行下凹处理，避免试验产品过试验。

成一体，其次是确定外力函数，接下来的工作就是进行结构动响应计算。

耦合载荷计算所给出的飞船载荷响应情况，要作为制定带谷试验的条件。在保证充分试验的条件下，使飞船某些部件不要过试验，特别是在某些频段上（如船箭共振频率处）进行必要的降低。一般原则是低于通用试验条件，但高于耦合分析结果，并有适当余量。

5. 火箭结构动特性的试验验证

在地面完全模拟火箭的飞行状态是很难的。例如：为了安全起见，地面试验中贮箱不可能加注真实的推进剂；火箭结构表面也无法模拟火箭超声速飞行中导致的气动加热情况；很难模拟火箭在天上飞行时的悬浮状态；另外模态试验也无法把分析得到的所有模态和模态参数都逐一验证，那么如何让试验结果可用呢？火箭研制人员运用了理论与实际相结合的方法。

地面试验时，必须事先针对地面试验状态进行建模和计算全箭结构动特性，并将它提供给试验方先进行试验准备。试验后先按试验结果修正试验状态的计算模型，接着再按飞行状态与试验状态的理论差别修正试验状态的计算模型，然后才能真正应用到火箭的总体设计及正式飞行试验中去。

试验中为了尽量模拟飞行中的实际情况，还要解决如下的问题。

1）箭体的变质量。从前面的内容我们知道，火箭在飞行中是一变质量物体，在数学建模时，其刚度矩阵是按一定时间阶段（抛逃逸塔前后，抛助推器前后，一、二级分离前后，抛整流罩前后）变化的，而质量矩阵随时都在变。这样，在进行地面试验时，也要按时间段泄出推进剂模拟液，模拟质量的改变。

2）支撑方式。结构动力学特性试验由于不同的支撑方式会导致完全不同的模态振型和频率，因此火箭全箭结构动特性试验首先要仔细考虑全箭结构的支撑（约束）方式。火箭起飞前在地面竖立状态的试验是最容易做到的，困难的是模拟火箭天上飞行时完全无约束、无支撑的悬浮状态。

为了模拟这种悬浮状态，世界各国通用的方式是竖立吊挂方式，进行全箭动特性试验，因此必须建一个很高的塔式厂房（振动塔），同时还必须具有吊起火箭起飞瞬间全部重量的能力（图6-5）。

3）激振和测量。火箭全箭结构动特性试验的激振和测量也是动特性试验中很关键的一项工作。激振的目的是要使全箭按各阶模态频率和模态振型方式运动起来，并测量和记录各阶模态的频率、振型和模态阻尼比。一旦加上推进剂模拟液，全箭的总重量能达到500吨左右，这时全箭横向模态的激振就是靠沿箭体壁面分布安置的3～5个激振器，每个激振器发出的力通常只有数百牛，方向指向箭体的纵轴线。

激振力随时间按正余弦的规律变化，即简谐激励。试验时激振器的激振频率由低到高随时间逐渐提升（或者降低），这又称为正弦扫描，当激振频率和模态频率靠近时全箭就能产生共振，模态频率和振型也就找到了。

图6-5 全箭振动塔

除了横向振动试验，还有纵向和扭转振动试验，它们在原理上和横向振动试验完全一样。

6. POGO 振动与蓄压器

(1) 什么是POGO振动

运送神舟飞船的火箭，在点火起飞瞬间火箭总质量差不多接近500吨，有8台发动机工作，每台发动机有750千牛的推力。因此整个飞行过程特别是8个发动机都工作的阶段，火箭上的振动和噪声将是十分严重的。其中每个发动机的推力很难确保稳定不变，而是在750千牛上下跳动，这部分动态推力跳动的幅度与推力平均值相比一般不会太大（约为2%～3%），通常称它为脉动推力（或推力脉动）。每个发动机750千牛定常的推力使火箭在空中不断加速飞行，但是脉动推力对整个火箭来说是一个动态的激励力，它能激起全箭的纵向振动。当一个单一激振频率与火箭全箭纵向一阶频率接近甚至相等时，火箭就会出现共振。如果火箭的振动频率与推进剂管路液流的频率接近或相等，则液流的压力脉动被放大，压力脉动又导致发动机的推力脉动，然后又激振火箭，这样就形成了一个动力学相互推动放大的闭路循环系统，通常把它称为纵向耦合振动，即POGO振动(图6–6)。

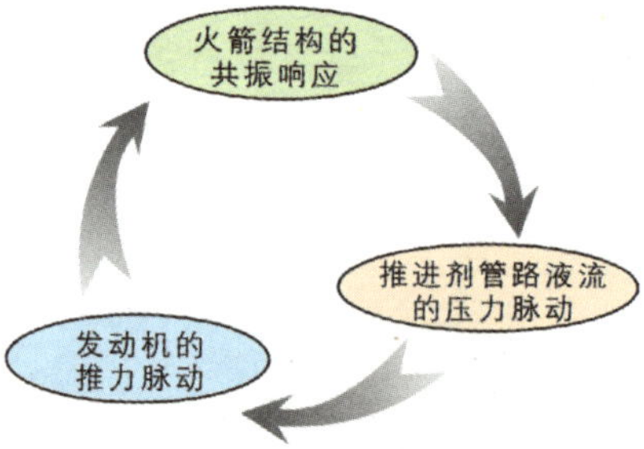

图6–6 POGO振动

(2) POGO振动的特性

POGO振动是一种自激振动，自激振动和共振的相似之处是振幅都随时间放大，但共振是一种强迫振动，外力与结构系统的运动无关，而自激振动中的“外力”与结构系统运动直接相关，通常会是系统运动的加速度、速度或位移的函数，而且通过这种运动从外界获取能量（图6－7）。

对POGO振动规律的研究认为，全箭箭体结构纵向振动频

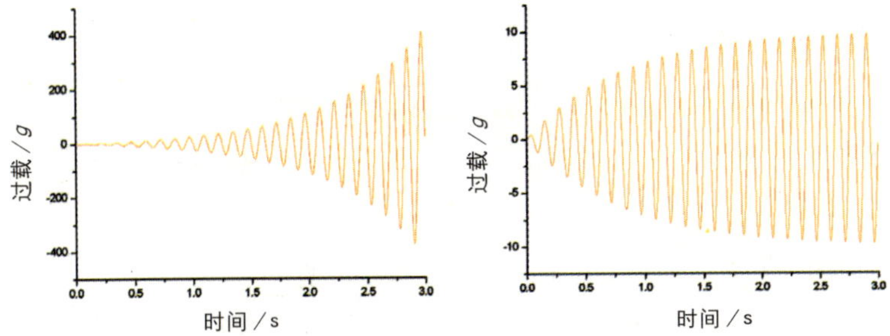

（a） 激振波形 （b） 共振波形

图 6-7 激振与共振

率与管路液流压力脉动的固有频率相等（箭体结构动力学特性与发动机推进剂输送系统流动液体动特性相耦合即所谓的流固耦合）是出现POGO振动的必要条件。这意味闭环中的3个环节（火箭全箭结构的纵向特性、推进剂管路液流压力脉动的固有频率和发动机推力脉动的频率成分）都有可能是导致产生POGO振动的原因。

（3）如何抑制POGO振动

20世纪60年代，美国大力神Ⅱ火箭在发射过程中，曾出现了持续达30秒、频率范围在11～13赫兹的POGO振动。POGO振动严重时，极有可能导致飞行试验的失败，若振动不很严重，虽对火箭结构不形成威胁，但对箭上仪器、设备以及航天员生命安全都极为不利。为此抑制POGO振动是载人火箭很重要的一个课题。推进剂输送管路液流的压力脉动的自振频率如果能与全箭纵向一阶固有频率在火箭整个飞行过程中错开（不相交），那么POGO振动被认为能完全避免。所以目前全球所有火箭为避免POGO振动几乎全都从改变推进剂输送管路液流的压力脉动的自振频率入手，采取的措施也几乎都是一致的，即在管路系统中加进去一个能缓冲液流的压力脉动的小装置。这相当于在一个弹簧质量块系统中的弹簧与质量块间或者在弹簧与基座间再加上一个软弹簧，从而使推进剂输送管路液流的压力脉动的自振频率降低，并错开全箭纵向一阶频率，以达到抑制POGO振动的目的。我国长征系列火箭上都采用了蓄压器（图6-8）来控制推进剂输送管路液流的压力脉动的自振频率，

图6－8 长征2F载人火箭的蓄压器

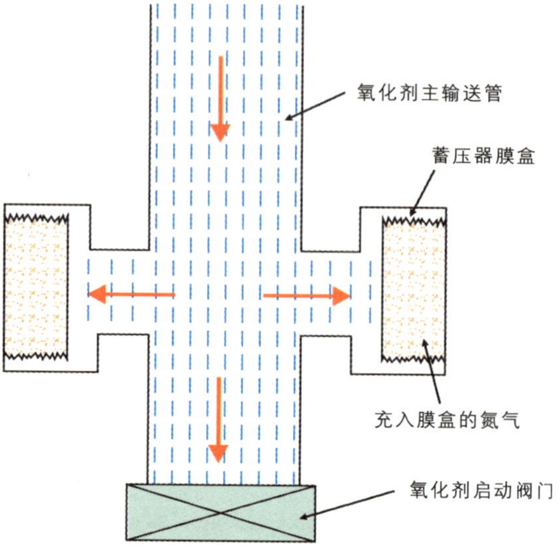

使它错开全箭的一阶纵向频率，从而避开POGO振动。

从原理上讲蓄压器只是一个气囊，通常用金属波纹膜盒，也有用软质材料构造的皮囊，中间充一定的气体（如氮气或氦气）。蓄压器一般放置在推进剂输送管路的侧壁，既不能阻挡推进剂液流的流动，又要和液流直接接触以便能感受液体中的压力和压力脉动，并作出（变形）反应，（吸收）减小压力脉动幅值，降低压力脉动的频率。

7. 让巨人走稳

大家都知道，长征2F载人火箭采用了垂直组装、垂直测试和垂直运输的“三垂”模式，如何保证长征2F这个巨人在垂直运输过程中能够站稳走稳呢？

发射前，火箭的组装和测试都在技术区厂房内的活动发射平台上进行。当船／罩组合体和逃逸塔与火箭组装和测试完毕后，船箭组合体将和活动发射平台一起，以垂直竖立状态沿铁轨被转运到发射区(图6－9)。这时船箭（含逃逸塔）总重达43吨，总高度近60米，底面4个支撑点分布在火箭芯级尾段底部直径仅3.35米的圆周上，特别是头部整流罩和飞船部分重达十几吨，像一个头重脚轻的巨人。由于重心高，底面支撑点跨距小，形成一个不容易站稳的结构。它下面的活动发射平台高约8米，二者总高将近70米，活动发射平台加上火箭和飞船的总重量将近800吨。这个庞然大物站到哪里，哪里的地面就会产生下沉。如果下沉不一致，火箭两个相隔3.35米的支撑点高度只要相差1毫米，火箭的端头就会产生约20毫米的横向偏移。如果再计入火箭箭体偏斜所导致的整个箭体结构的弯曲，会使火箭端头的横移量（相对几何关系的变形）成倍增长。此时这个巨人会像个醉翁一样“摇头晃脑”，潜伏着巨大的危险。

导致运输过程中火箭不断摇晃的原因，除了路面的不平度、不直度以及路基的不同硬度和不均匀性外，还有一个很重要的无法避免的因素，就是发射场的地面风。虽然这些因素在火箭方案设计阶段全部被考虑到了，但是完全没有具体的数量级概念。因此需要进行垂直运输试验，搞清火箭竖立在活动发射平台上的全箭结构动特性，以及在各种行车速度和不同大小地面风作用下，火箭运输过程中全箭各个部位的振动响应。

图6-9　垂直转运

在对运输条件还一无所知的情况下，为了保证上述严重后果不会因运输而发生，因此希望通过动力学的手段控制和降低火箭在运输过程中的低频弯曲振动，特别是火箭头部的大幅度低频往复运动。于是设计制作了一种动力减振器（图6-10）。它的固有频率被调到火箭竖立状态横向振动频率附近，一旦火箭出现弯曲振动，就会激起动力减振器的共振。而动力减振器的基础就安放在火箭

图6-10 动力减振器

头部既能够承力同时又是振动位移很大的地方（逃逸塔根部）。当火箭头部有了振动，动力减振器相当于质量块的惯性，起到了一个阻滞火箭头部出现低频大幅度往复运动的作用。很多摩天大楼设计时抑制高楼顶部在地面风激励下出现的大幅度振动也采用同样的原理。在这个动力减振器的保护下，完成了长征2F载人火箭全箭垂直运输试验，模拟了垂直运输条件，在以后的运输中，不用动力减振器也能顺利地完成火箭的垂直运输。

第七章

强健载人火箭的体魄

—— 载荷与强度

在物质世界，力无所不在。火箭处在过载、振动、冲击和噪声等各种载荷所包围的严酷的力学环境之中，自身受到的力也是各式各样的。

火箭设计师要对火箭受到的各种力进行分析，得到火箭的主要载荷工况。并对火箭进行载荷设计和强度设计，以保证火箭体格健壮，能经受得住各种力学环境的考验。

1. 无所不在的力

力是物质世界最普通的物理现象。虽然我们不能直接看到它，但不能想象没有力的世界物质该如何存在。在地球上，人类因为有地球引力场的作用才得以脚踏实地，安然行走；植物也因为享受地球引力场的吸引，才植根于泥土茁壮成长；汽车如果失去地面摩擦力，即使油门加得再大也是开不走的；建筑物没有力的帮助只能是一盘散沙。

力有多种存在方式，如重力、摩擦力、张力、地面的支持力、空气阻力等（图7－1），力就是物体之间相互作用的形式。

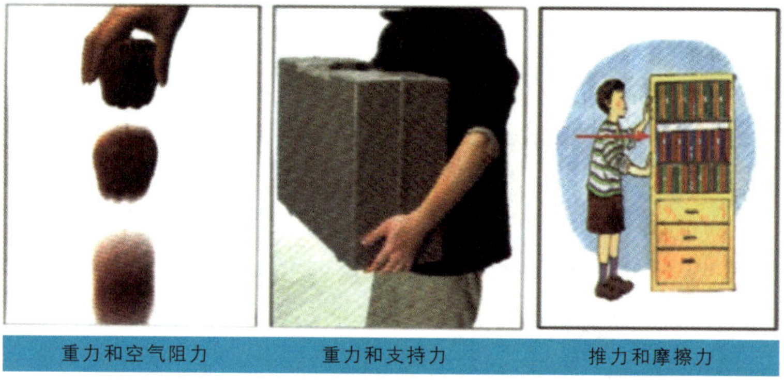

图7－1 生活中的力

2. 无所不在的载荷

物质世界力无所不在，这些力与火箭有什么关系呢？我们可以设想当你两手用力掰一根竹筷子，当你施加的力较小时，竹筷子只会弯曲变形，但当你持续逐渐加大力量后，竹筷的弯曲变形也会逐渐加大，直至最后断裂。我们可以把火箭类比为一根竹筷子，虽然火箭受到的外力要复杂得多。对这些外力作用进行分析、计算，得到火箭各组件的受力性质、大小、作用方向、作用时间等，这些特征量统称为火箭受到的载荷。根据火箭受到的载荷，设计师对火箭进行结构设计，保证火箭结构具有足够的强度和刚度，使火箭不会像竹筷子一样在地面操作、运输、发射和飞行过程中被各种力所破坏。正确、合理地进行载荷设计是保证火箭飞行成功的关键因素之一，也是保证航天员能够适应火箭飞行状态的主要条件。

火箭的载荷按不同的方式可分为多种：载荷按作用性质可分为静载荷和动载荷；按载荷的作用方式还可将载荷分为集中载荷和分布载荷；按载荷对杆件变形的作用可分为轴向拉伸或压缩载荷、弯曲载荷和扭转载荷等；按工作状态可分为地面载荷和飞行载荷。

3. 火箭经受的典型载荷

火箭在从地面操作开始到船箭分离为止的过程中经历的各式各样的受载情况，称为载荷工况。

（1）地面操作载荷和竖立载荷

火箭在地面操作时会受到重力和操作过程中的动载荷。竖立在发射台上受地面风激励，火箭的顶端作椭圆运动，这与大风中树木的摇晃摆动极其相似（图 7−2）；铁路运输和公路运输中的启动、刹车、拐弯、上下颠簸、左右摇晃，都会产生惯性载荷。

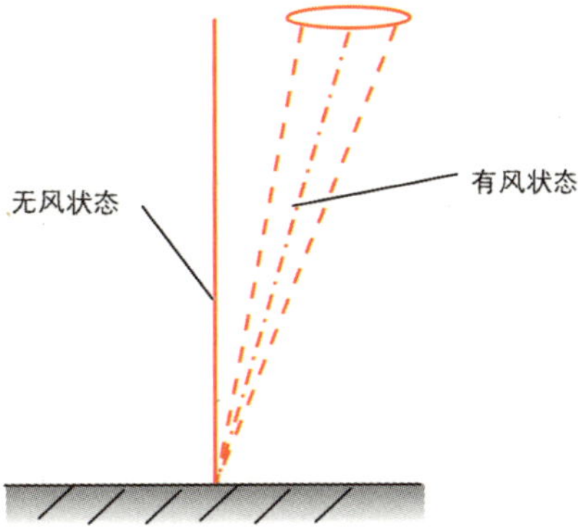

图 7−2　地面风激励响应

（2）飞行过程中的载荷

火箭点火起飞载荷：发动机的推力在瞬间由零达到 750 千牛，发动机推力的急剧增加激励火箭纵向的静、动载荷；箱体中的推进剂随着箱体运动和变形产生纵向动态运动和波动，与箱体的增压一起构成箱体的内压载荷。

气动载荷：火箭起飞之后，发动机产生强大的推力，推动火箭不断加速。火箭受到推力和气动阻力的作用产生纵向载荷（图 7−3）；火箭高速穿过大气层，在海拔 10～12 千米高度上，还会遇到 70～80 米／秒的高空风的干扰，使火箭的飞行姿态发

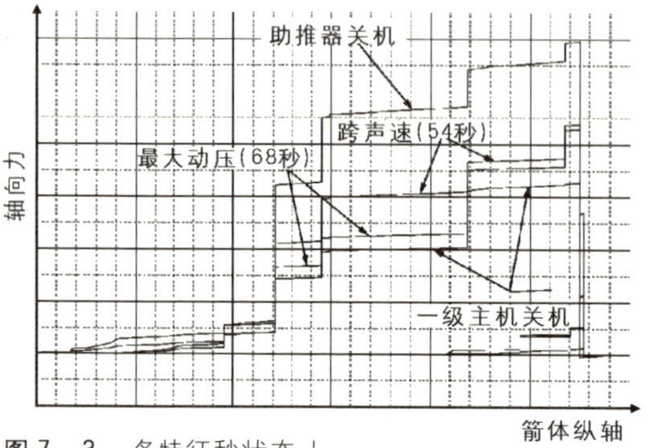

图 7－3　各特征秒状态芯级结构轴向力

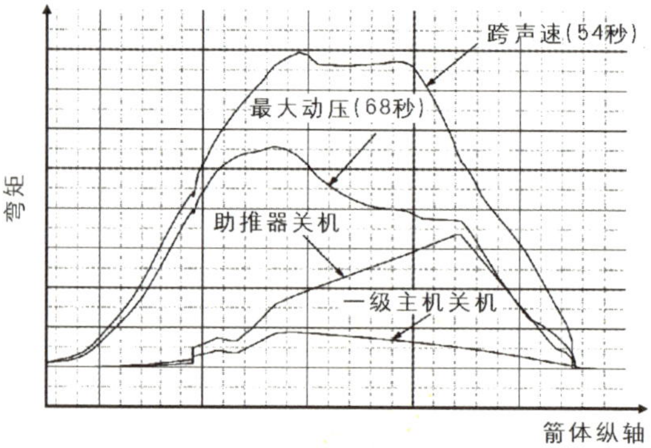

图 7－4　各特征秒状态芯级结构弯矩

生变化，火箭纵轴与速度矢量之间形成夹角，它能激起严酷的横向气动载荷；火箭运动还会激励起贮箱中推进剂的晃动载荷和火箭结构的横向弹性振动载荷（图 7－4）。

操纵载荷：火箭飞行中受到外力作用时姿态会发生变化，这时要通过改变发动机推力矢量方向来实现姿态的控制，推力矢量的横向分量产生的横向载荷称为操纵载荷。

抖振载荷：当火箭的飞行速度达到声速附近时（即跨声速），在火箭表面形成随机的脉动压力，激起了火箭结构的横向传频振动响应载荷，称为抖振载荷。

分离载荷：助推器关机及其分离，助推器发动机推力急剧下降至零，特别是它的分离使火箭质量突变出现纵向静、动载荷；芯级发动机关机，推力急降至零，并伴随一、二级热分离力，二级发动机推力突然加到二级箭上并发生质量的突变，同样会引起纵向静、动载荷。

逃逸载荷：当火箭出现故障时，在逃逸飞行器迅速分离过程中，引发逃逸载荷。这是逃逸飞行器的结构强度设计依据。

阵风载荷：在空中，除受到风干扰外，风速小尺度的变化，也能激起火箭的横向弹性振动载荷，这就是阵风载荷。

知识链接

长征 2F 火箭的几个最大载荷状态

1）一级飞行 54 秒，跨声速段脉动压力引起的抖振载荷最大；
2）一级飞行 68 秒，最大动压段，横向载荷最大；
3）助推器发动机关机时为纵向载荷最大状态；
4）一、二级分离 159.6 秒，纵向动载荷最大。

4. 载荷设计是如何进行的

从前面我们了解到，火箭要经受种类繁多的载荷作用，那么对于火箭某一部段的载荷，火箭设计师究竟是如何确定的呢？

首先，要进行载荷计算。根据总体参数、轨道参数和外力，建立一个正确、合理的数学模型，按不同工况计算出各种载荷。

其次，要进行载荷综合。在真实飞行中，各种载荷绝不会单独发生，在同一时刻总会同时发生多种载荷。各种载荷的组合，称为载荷综合。载荷综合才是结构载荷设计的工况。纵向载荷综合时，要将同一时刻产生的纵向静载荷与动载荷叠加；横向载荷综合时，将同一时刻产生的气动载荷、操纵载荷以及载荷偏差进行叠加。

最后，结构设计载荷的确定还要将计算载荷（也称使用载荷或极限载荷）乘以安全系数。长征2F 载人火箭在当前的结构和载荷情况下，安全系数取为1.25～1.5。

知识链接

长征 2F 火箭的主要载荷设计工况

1）地面操作工况；
2）火箭竖立时地面风激载荷工况；
3）点火、起飞工况；
4）最大横向载荷工况；
5）助推器分离工况；
6）一、二级分离工况；
7）箱体最大内压工况；
8）逃逸载荷工况。

5. 什么是力学环境

力学环境是客观存在的，不管是在地面操作过程中，还是在火箭飞行过程中，都会遇到各种各样的力学环境。力学环境既有振动，又有冲击，还有噪声；既有确定性振动，又有随机振动；既有一般载荷的强度极限破坏，又有结构疲劳破坏。力学环境研究主要给出火箭局部组件结构、设备、电缆、阀门、管路等安装各部位的力学条件，供各自进行适应性设计和防护设计，以及试验检验。箭上所有各类产品均必须经过力学环境条件的严格验收考核。

力学环境可以分为过载、振动、冲击和噪声四大类。

1）过载：是火箭在运输和发射过程中，在定常外力作用下产生的静态正加速度或负加速度，过载有静过载和动过载之分。前者一般呈长周期性变化，没有突变现象；后者常具有明显振动特征，存在波动现象。

2）振动：一般指火箭在发射和飞行过程中，由于外力变化引起的瞬态振动，有确定性振动和随机振动之分。确定性振动表示为加速度与时间的关系或者加速度与频率的关系；随机振动表示为功率谱密度与频率的关系。振动会引起结构破裂、仪器设备失效、焊点脱开、管路断裂、阀门损伤、密封件失效和连接件脱落等损伤现象。

3）冲击：约束突然施加或消失引发瞬态高量级应力波在结构中传递，产生的加速度响应称为冲击，冲击通常由冲击响应谱表示，其特点是作用时间短（20 毫秒以内）、量级高（几千 g 到几万 g）、频率范围宽（100～10 000 赫兹）。在力学环境中包括发动机启动、关机、助推器分离、级间分离、整流罩分离、船箭分离等产生的瞬态效应。冲击环境可以引起脆性材料开裂、仪器失效、焊点断开、接插件破坏和结构材料损坏等。

4）噪声：火箭发动机喷流和空气动力所引起的声学噪声，特点是压力强度大，作用频率范围宽（20～1 000 赫兹）。噪声能引起结构疲劳，特别是板式结构疲劳破坏以及仪器内部元器件的失效、焊点的断开等，是随机振动的主要激励源。

> 知识链接
>
> **初步力学环境条件**
>
> 初步力学环境条件分为两类，验收试验条件和鉴定试验条件。
>
> 验收试验条件：适用于火箭上每件用于飞行的产品，是较低的一种条件，试验合格的产品才能作为飞行件使用。
>
> 鉴定试验条件：适用于新研制的产品、有设计更改的产品或新批生产的产品，是较高的一种条件。鉴定试验是一种余量性试验，鉴定试验后产品不能作为飞行件使用。

6. 如何进行火箭力学环境设计

1）力学环境预估：研制新火箭时，在力学环境的设计初期，主要是分析研究类似火箭的力学环境条件，进行力学环境预示；还应加强地面试验中的测量，例如，在发动机热试车时，应测量喷流噪声，发动机头部和泵的振动加速度，特别是启动和关机激励引起的瞬态振动。风洞试验测量气动噪声，分离试验时测量冲击加速度等，这些都将转化为力学环境条件的设计依据。

2）初步力学环境设计：火箭未进行飞行试验前，要对地面状态的测量数据进行处理和分析，按照可靠性的要求进行统计，针对飞行状态的火箭，考虑必要的安全余量，给出初步的力学环境条件，作为首次飞行试验火箭各器件环境设计的依据和试验检验的条件。各器件按初步的力学环境条件进行适应性设计和防护性设计。

3）力学环境条件调整：根据飞行遥测测量的高低频振动、随机振动、冲击、噪声的结果与初步的环境条件进行比对分析，修改不合理的部分，不断完善力学环境条件。

7. 火箭的自我保护设计

火箭上的所有产品都会受到力学环境的作用，因此在进行各产品设计时，必须掌握它的安装部位所经受的力学环境以及该产品承受力学环境的能力。设计时必须避开产品薄弱部分，避免谐振可能引起破坏的现象，这就是适应性设计。但是，实际研制工作中，往往很难完全避开这种谐振现象，于是提出了防护设计的概念，即通过增加阻尼、减振装置(如阻尼器、板式结构的约束阻尼等)降低遇到的力学环境；对于噪声还有降噪措施等；对于冲击加减振器等（图 7－5）。这些措施在火箭的设计中被广泛采用，效果良好，但它们还必须经过试验验证。

总之，对于力学环境来说，首先是认清它的存在，然后是设计出合理正确的环境条件，在此基础上对产品进行环境适应性设计与防护，最终通过试验验证。力学环境是火箭可靠性的重要表征，箭上所有产品都能通过力学环境的考核，是火箭飞行成功的重要设计内容和保证条件。

图 7－5　不同形式的隔振系统

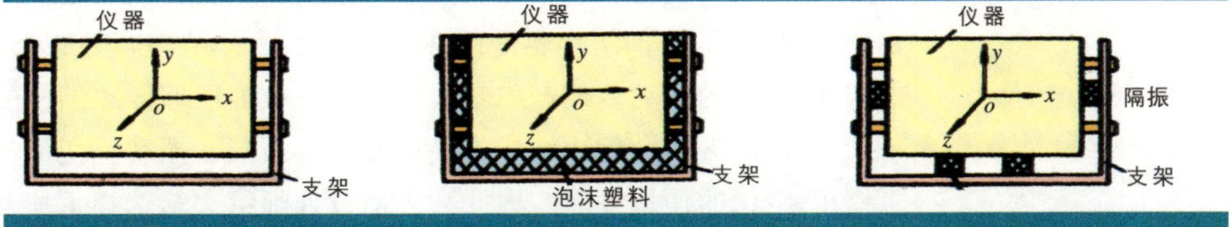

（a）普通橡胶隔振系统　（b）包裹泡沫塑料的大阻尼隔振系统　（c）隔振器、阻尼器综合的大阻尼隔振系统

8. 火箭结构强度和结构刚度

经过以上介绍，我们可以谈谈本章的目标话题——结构强度了。事实上，以上一系列的工作都是为了确保火箭有强健的体魄，也就是有足够的结构强度。

相同形状的钢材与木材相比，能够承受更大的力的作用，这是因为它的强度比木材大。一般说，结构抵抗外力作用的能力，即抵抗断裂、失稳或抵抗发生不许可的变形（或位移）的能力称作结构强度。进行结构强度设计时，均规定结构中的应力（或位移）不大于某一规定值，这种规定叫做强度设计标准。结构强度与结构形式、外力特性、应力状态、材料机构性能和工艺因素等密切相关。为了确保强度满足要求，必须在给定的环境下对结构进行强度计算或强度试验。

一般与“结构强度”总是同时出现的“结构刚度”又是什么呢？它是结构抵抗由外力引起的变形的能力，与物体的材料性质、几何形状、边界支持情况以及外力作用形式有关。材料的弹性模量和剪切模量越大，则刚度越大。自然界动植物都需要有足够的刚度才能维持它原本的外形。工程上结构刚度不够，会出现失稳现象，或发生颤振等灾难性事故，因此工程设计中，必须按规范要求确保结构有足够的刚度，但对刚度的要求不是绝对的。弹簧秤中弹簧的刚度取决于被称物的质量范围，而缆绳则要求在保证足够强度的基础上适当减小刚度。

评定结构的优劣，从力学角度看，主要是结构的强度和刚度。工程结构设计既要保证有足够的强度，又要保证有足够的刚度。强度不够，结构容易破坏；刚度不够，结构容易皱损，或出现较大的振动，或产生较大的变形。皱损能够导致结构的变形破坏，振动会缩短结构的使用寿命，皱损、振动、变形都会影响结构的使用性能。因此，火箭设计师给火箭选择了加劲结构和夹层板壳，它们都是强度和刚度比较高的结构。

第八章

载人火箭的躯体

—— 箭体结构

要想把航天员安全地送入太空，载人火箭要有高性能的动力系统来提供推力，要有精确的控制系统来把握方向，此外，还要有由一系列相关的仪器设备组成的遥测、外测安全、故障检测和逃逸救生等系统来提供必要的服务。

这些“娇嫩”的系统设备就像人体的五脏六腑一样，还需要有一个坚强有力的躯体来支持和保护它们，这就是箭体结构系统。

1. 箭体结构系统包括哪些部分

长征 2F 载人火箭的箭体结构系统主要包括箭体结构和连接－分离装置（称为分离系统）两大部分。箭体结构的外壳做成表面光滑的流线型，使火箭具有良好的空气动力外形，内部装载着各种仪器设备。为了追求更大的运载能力，目前使用的运载火箭多为分级结构，长征 2F 载人火箭还捆绑有 4 枚助推器，这些部分在火箭的飞行过程中会被逐级抛落，它们之间的组装和分离就靠连接－分离装置来完成。

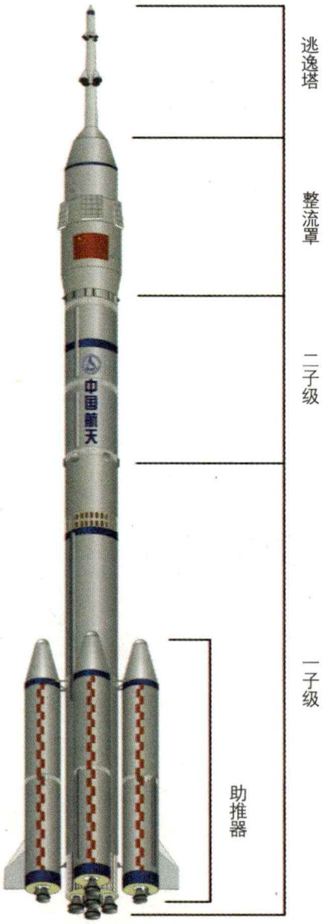

图 8－1 长征 2F 载人火箭箭体

(1) 箭体结构

从分级的角度考虑，同时也是为了便于火箭的生产、装配和运输，长征 2F 载人火箭的箭体主要分为以下 4 大部分（图 8－1）。

1）由主体火箭（称为芯级）的底部到级间分离面之间的箭体部分，称为一子级；

2）由级间分离面到飞船与火箭的分离面之间的箭体部分，称为二子级；

3）连接在一子级箭体周围的 4 枚助推器；

4）位于二子级箭体顶端，罩于飞船外部的整流罩（整流罩顶部连接有逃逸塔）。

上述前三个部段的箭体结构具有很大的相似性，比如它们都具有燃料和氧化剂两种推进剂贮箱结构和一些壳段结构。而从部件功能来分，长征2F载人火箭的箭体结构可以分为整流罩、仪器舱、推进剂贮箱、箱间段、级间段、尾段和尾翼等部分。

(2) 连接－分离装置

长征2F载人火箭上有逃逸塔连接－分离、助推器连接－分离、级间连接－分离、整流罩连接－分离以及船－箭连接－分离等不同类型的连接－分离装置，所有这些连接－分离装置都是由连接解锁装置、分离装置和火工品引爆装置三大部分组成的。

2. 制造火箭箭体要用什么样的材料

做过风筝的人都知道，上天的材料首先要轻，其次要结实，同时，成本也很重要，就算性能再好，也没有人会用价值连城的古画来做风筝纸。那么火箭呢？对火箭箭体结构材料的选择可要比做风筝严格多了。除了质量小、强度（抵抗破坏的能力）大、不易变形和成本低等要求外，还要考虑到耐腐蚀性、耐温性和工艺性（焊接、机械加工、钣金成形）等一系列要求。

例如，推进剂贮箱结构对材料的耐腐蚀性要求很高，一方面，现在使用的燃料和氧化剂大都具有很强的腐蚀性，这就要求结构材料与推进剂要有良好的相容性；另一方面，在长期储存过程中，周围的大气环境也会对材料有一些腐蚀作用，这就要求材料具有对环境的适应性。此外，有些火箭采用液氢、液氧等低温推进剂，这些贮箱的结构材料一定要具有耐超低温的能力。

火箭壳段结构对材料的要求相差不大，由于不接触推进剂，不需要具有像推进剂贮箱材料那么高的耐腐蚀性，但也要满足一定的耐腐蚀性和耐低温要求。另外，因为部分壳段靠近火箭发动机，为避免箭体结构被发动机喷出的高温燃气烧熔，在给这些壳段外部增加各种隔热材料的同时，也要求结构材料具有耐高温的特性。

目前，在制造火箭箭体结构时所选用的材料主要有以下三大类。

(1) 金属材料

由于强度大、性能稳定、加工工艺成熟等优点，金属材料是最先被大量应用于火箭箭体结构的材料。早期以铝－镁合金和不锈钢等为主，后来又发展了铝－铜－镁和铝－锌－镁等高强度铝合金、高温合金以及高强度钢等材料。近年来研制开发的方向是铝－锂合金、镁－锂合金和钛合金等轻型合金，这些合金的质量更小，强度和刚度更大，韧性也更好。

(2) 非金属材料

在箭体结构上较为常见的非金属材料主要有用于密封件的各种橡胶、塑料和用做黏合剂的各类树脂等。

(3) 复合材料

复合材料是经过“精心设计”的材料，它是为了达到某些特定要求而有选择性地把一些材料通过一定的方式组合在一起所形成的一种新型材料。各种材料之间的组合方式很多，有的像复合地板那样层层叠加，有的像水泥一样充分混合，还有的像织布一样用经线和纬线织在一起。复合材料可以说是集合了多种材料的优点，它质量小、强度大、可设计性强、易于整体成形、材料来源广泛并且价格较低，是今后火箭材料发展的主要方向。

3. 箭体结构的形式

无论是在飞行过程中，还是在地面运输、存放过程中，箭体结构都要承受各种外力的作用，所以一定要做得足够结实；但是，为了提高火箭的运载能力，又要求箭体结构尽可能轻巧。这两者之间无疑是相互矛盾的。为了解决这个矛盾，除了要采用质量小、强度大的材料外，还要寻求合理的结构形式。

火箭箭体的外形一般是由多个圆筒形或圆锥形壳段连接组合而成的，壳段通常采用薄壁结构，也就是通过铆接、焊接和黏接等方式把薄板（厚度仅为几毫米的蒙皮和隔板等）与加强件（分为环向的隔框和轴向的桁条、梁）连接在一起（图8-2），类似风筝纸加竹篾条的形式。薄壁结构的主要形式有硬壳式结构、半硬壳式结构、整体壁板结构和夹层结构。

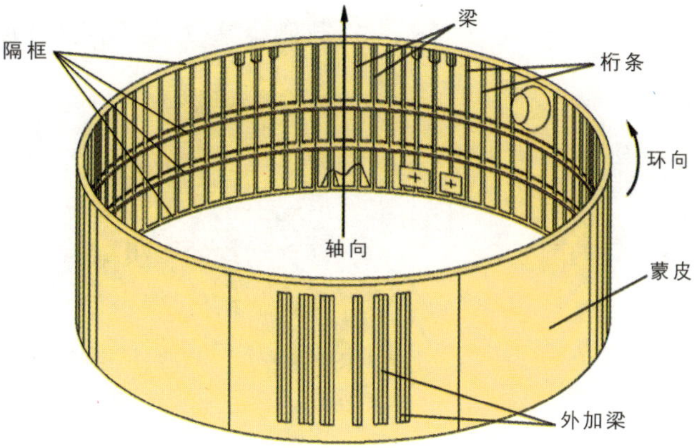

图8-2 薄壁结构

（1）硬壳式结构

这种结构由隔框和蒙皮组成，一般由蒙皮来承受外力作用，隔框只起到各舱段之间的连接作用，因而蒙皮的厚度较大，所以得名硬壳式结构。硬壳式结构的特点是结构简单、制造方便，但因为蒙皮要承力，蒙皮上不能开大舱口，只适用于直径较小的箭体。

（2）半硬壳式结构

半硬壳式结构在蒙皮内侧除了连接有隔框外，还增加了桁条、梁等轴向加强件作为主要承力构件，这样就减轻了蒙皮的承力作用，因而可以采用较薄的蒙皮来减小结构质量。按目前采用的主要承力构件类型，这种结构又可分为桁条式结构、梁式结构和网格式结构三种。

1）桁条式结构中桁条的分布较为密集，是主要承力构件。

2）梁式结构可用于需要传递集中力和开了较大舱口的舱段，用贯穿整个舱段的梁做主要承力构件，这种结构一般也有桁条，但桁条不是主要承力构件。例如尾段是通过梁来传递发射支点传来的力。

3）网格式结构的主要承力构件是加工成网格状的壁板，可以制成正交（长方形或方形）和斜交（菱形）网格。

（3）整体壁板结构

为了适应火箭高速飞行对材料结构力学性能日益增长的要求，出现了把蒙皮与隔框和桁条等做成一个整体的整体壁板结构。这种结构的壁板厚薄和骨架粗细可以根据各处的实际受力情况确定，结构强度和刚度大，质量也较小，能充分发挥结构的承载能力。但由于是量体裁衣、整体成形，对模具的精度要求很高。

（4）夹层结构

夹层结构是一种多层结构，最常见的是三层结构：上、下表层板很薄，由高强度、高刚度材料制成；中间作为夹芯的填充物，有用超薄的金属箔（如铝箔）制成的空心形式和用泡沫塑料等材料制成的实心形式（图8－3）。按夹芯形状的不同，空心夹层结构又可分为波纹式和蜂窝式两种，前者的夹芯是波纹形状，后者的夹芯是蜂窝形状。

夹层结构在生活中应用的最好例子是瓦楞纸箱——仅仅通过改变结构形式，用薄薄的纸也可以制成结实的包装箱。

与半硬壳式结构相比，夹层结构可以减小质量约30%。此

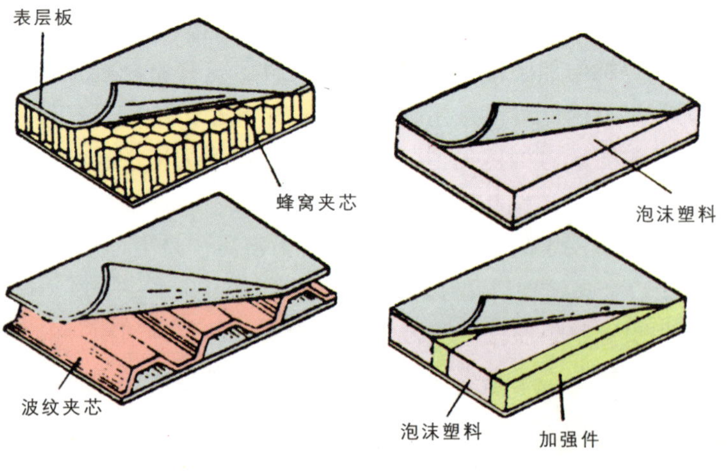

图8－3 夹层结构

外，承力均匀、弯曲刚度大、表面光滑、气动外形好等优点让它特别适合制造翼面和受空气动力影响大的整流罩壳体等部件。夹层结构的缺点是不适用于需要传递集中力作用及开舱口多的舱段，而且工艺复杂，设备成本较高。

4. 一子级箭体结构的特点

一子级箭体结构由上至下依次为级间段、一级氧化剂箱、一级箱间段、一级燃料箱、后过渡段和尾段（图8－4）。

（1）级间段

级间段是多级串联运载火箭的一种特殊的壳段结构，用于连接相邻两个子级的箭体。长征2F载人火箭的级间段位于一、二子级箭体之间，内部安装有二级发动机，它的前端面就是级间分离面。级间分离完成后，级间段将随一子级箭体一起脱落，以减小二级飞行质量。

级间段有一个与其他部段不同的结构——排焰结构。长征2F载人火箭的级间分离采用的是热分离方式，即在级间分离面断开前，二级发动机点火，达到预定推力后，分离面分离，一子级箭体在发动机高温燃气（火焰）的推动下脱离。因此，在点火后分离前需要将二级发动机产生的大量高速、高温燃气从级间段向外安全排出，如果燃气排泄不畅，就会对二级发动机造成严重影响。通常使用的级间段排焰结构形式有两种：一种是用合金钢管焊接而成的杆系结构，另一种就是长征2F载人火箭级间段采用

图8－4 一子级箭体结构

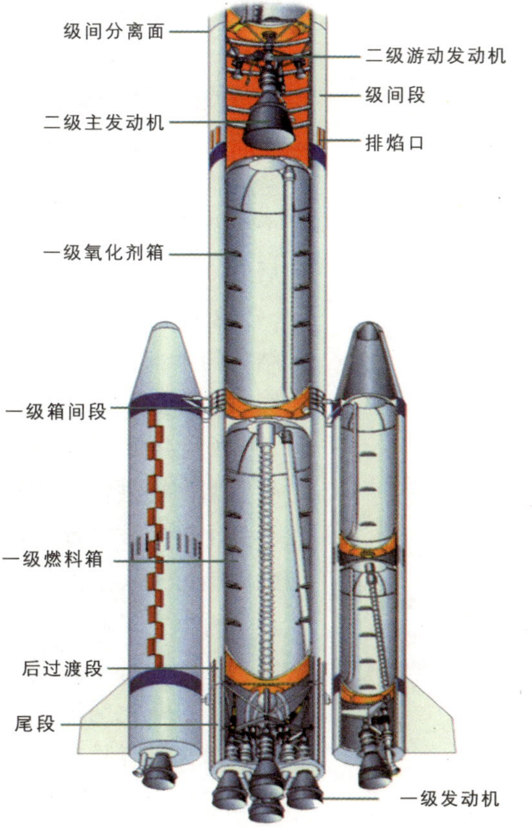

的开有排焰口的铝合金半硬壳结构。

长征 2F 载人火箭级间段壳体的结构形式为隔框、桁条与蒙皮铆接的铝合金内桁条式半硬壳结构，壳段下部开了很多排焰口，在开口附近采用了局部加强措施，壳体内表面喷涂了一定厚度的防热涂层，以保证结构在高速、高温燃气的冲刷下仍然具有足够的强度。

(2) 一级推进剂贮箱

长征 2F 载人火箭的动力系统采用的是双组元液体推进剂，也就是说燃料和氧化剂要分开存放并均为液态，这就对推进剂贮箱的结构提出了较高的要求。

1）采用大型焊接薄壁壳体。贮箱的主体结构外形有点像我们吃的药品胶囊，中段是圆筒段（称为箱筒段），两端是椭球形或近似椭球形壳体（称为前底、后底），结构材料选用的是高强度铝合金板，结构形式为质量较小的网格式半硬壳结构。由于所需的推进剂量很大，一级燃料箱和氧化剂箱的长度均为 10 米左右，直径达 3.35 米。对这样的庞然大物很难进行整体加工，所以整个贮箱是由多块壳体拼焊在一起的，其中，箱筒段由多个短圆筒对焊组成，每个短圆筒又由 4 块壁板拼焊而成，前底、后底则由多块瓜瓣形板和一块顶盖板焊接而成。

2）受力情况复杂。燃料箱和氧化剂箱占据了一子级箭体结构的大部分，因而也必须承担火箭壳体对外力的承载功能，同时它们还要承受来自内部的各种压力。

3）必须保证可靠密封。如果燃料和氧化剂在火箭内部发生泄漏，后果将极其严重，甚至会发生爆炸等毁灭性事故。由于氧化剂箱被安置在燃料箱之上，所以氧化剂的输送管要穿过燃料箱再进入下面的发动机，而且每个贮箱上还都开有一些舱口，再加上累计长度可达一二百米的拼接焊缝，这些都是贮箱结构的薄弱环节，必须进行局部加强，保证可靠密封。此外，因为一级氧化剂箱的前底位于二级主发动机喷管的正下方，在级间分离时容易被发动机喷出的火焰烧蚀而导致破裂，所以必须对材料作加厚处理，同时在外表面还要覆盖一层玻璃钢防热材料。

推进剂贮箱的主体结构上还有一些其他功能件，如前底内表面装有加注液位传感器，用于测量推进剂加注量；箱筒段内表面的不同位置上安装了多块扇形防晃板，用于抑制飞行中推进剂的晃动；后底上装有用于加注和泄出推进剂的加注阀门和保证贮箱内压力稳定的溢出管及安溢阀门等（图 8－5）。

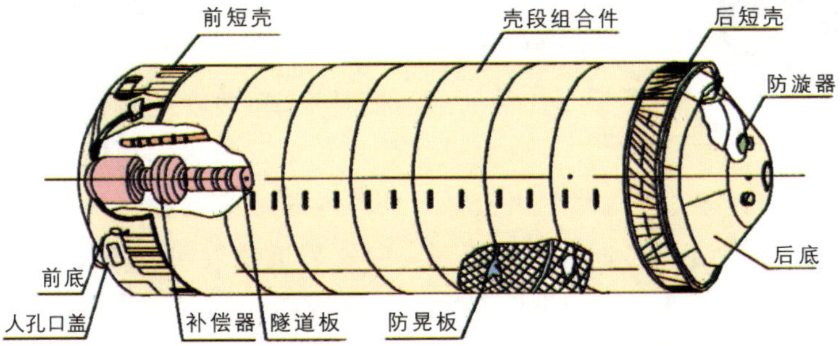

图 8－5　一级氧化剂箱

（3）一级箱间段

箱间段是氧化剂箱与燃料箱之间的承力壳段，呈圆筒形，采用蒙皮外侧加桁条的铝合金外桁条式半硬壳铆接结构。壳体上开有 3 个大的供操作人员出入的仪器安装检查口，外侧中间环绕分布有 8 个助推器捆绑支座。

（4）后过渡段

后过渡段位于一级燃料箱与尾段之间，为铝合金梁式半硬壳铆接结构，其主要功能是在火箭竖立和飞行时支撑箭体，承受从一级发动机及助推器传来的推力，并把集中力尽量扩散均匀，为一级燃料箱提供良好的受力环境。为了提高结构强度，后过渡段的内、外侧都采用了多组主、副梁组合的梁结构。

（5）尾段

尾段是一子级箭体的最下端，外侧连接着 4 个捆绑式助推器，壳体中间部位环向开有 4 个大的仪器安装检查舱口。当火

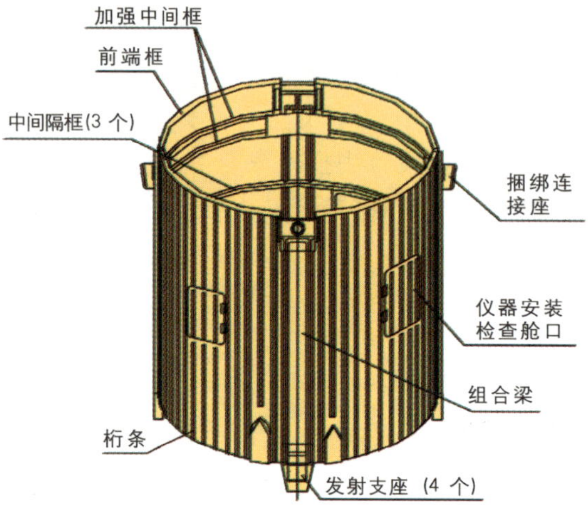

图 8–6 尾段结构

箭竖立在地面发射台上时，尾段要承受包括飞船在内的整个火箭的全部重力；而在火箭飞行中，它还要承受相连的助推器传过来的各种力，保证芯级与助推器可靠连接并顺利分离。为了加大结构强度，尾段壳体采用了在蒙皮外侧加组合梁和桁条的铝合金外梁式半硬壳铆接结构，具体结构如图 8–6 所示。

尾段的另一个重要功能是作为一级发动机的保护罩。一级发动机安装在尾段内，尾段下端缩短并开放，将发动机喷管暴露在外，便于发动机排焰；同时为了防止高空中发动机燃气回流的影响，壳体底部还设置了玻璃钢防热板和硅橡胶防热裙。

5. 二子级箭体结构的特点

二子级箭体结构主要包括飞船支架、仪器舱、二级氧化剂箱、二级箱间段和二级燃料箱等（图 8–7）。

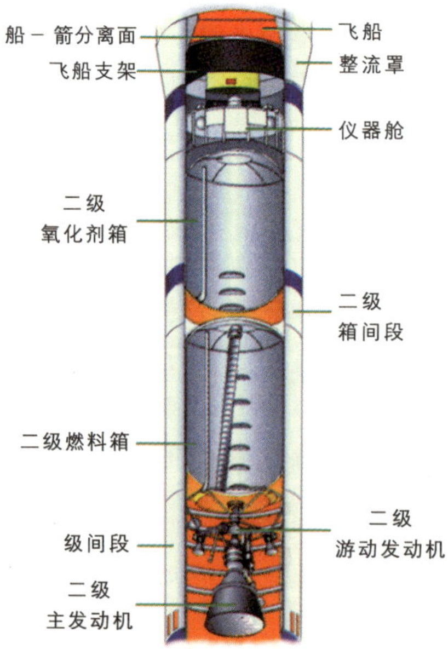

图 8–7 二子级箭体结构

(1) 飞船支架

飞船支架是长征 2F 载人火箭与神舟飞船之间的连接和分离结构，它位于整流罩内，上端与飞船推进舱尾裙后端通过包带（连接 – 分离装置）相连接，下端用螺栓与转接框连接。飞船支架的上端面就是船 – 箭分离面，它的前端框是船－箭分离机械系统的组件之一。

飞船支架外形为上小下大的截锥形，高0.83米，前端框直径2.8米，后端框直径3.2米。支架壳体采用铝合金内桁条式半硬壳结构，壳体上部的蒙皮内侧装有4个分离弹簧支座，蒙皮外侧安装了24个系留弹簧支架，用于包带解锁时将包带拉离分离面（图8－8）。

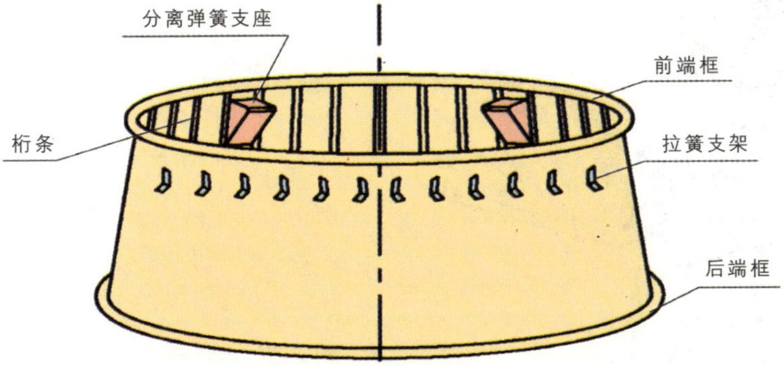

图8－8 飞船支架

(2) 仪器舱

仪器舱位于飞船支架和二级氧化剂箱之间，各电气系统的大部分仪器都安装在此。

仪器舱为圆筒形，采用铝合金内桁条式半硬壳结构。为方便仪器的安装和检查，仪器舱内装有各种相关支架，壳体上开有多个大小不一的舱口。

(3) 推进剂贮箱和箱间段

二级推进剂贮箱与一级推进剂贮箱的形状和结构类似，直径也是3.35米，只是长度缩短为4米左右。另外，因为上端与仪器舱相接，所以二级氧化剂箱前底外侧不需要防热结构，而且还加装了部分支架用于固定仪器和电缆等。

二级箱间段与一级箱间段结构类似。

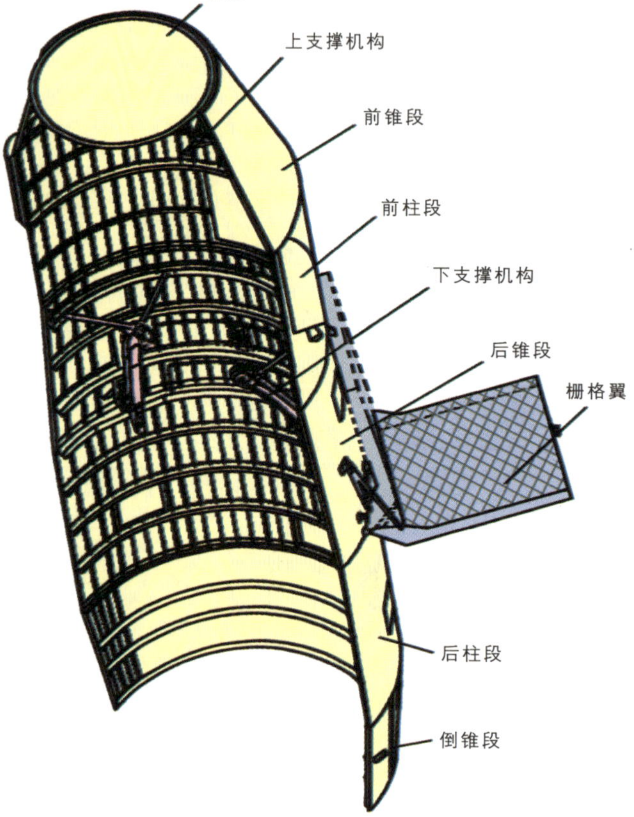

图 8－9　整流罩结构

6. 整流罩结构的特点

整流罩也称为有效载荷整流罩，位于火箭头部，是火箭送入太空的“货物”——有效载荷的保护罩，其主要功能是为有效载荷提供一个相对封闭的适宜的环境，保护它们不受外界因素（尤其是起飞后由高速气流产生的气动力、气动热和噪声等因素）的影响，安全穿越大气层。而火箭冲出大气层后，整流罩就必须及时分离，以免影响到运载能力。

长征 2F 载人火箭的有效载荷是神舟飞船，为了保证航天员的安全，在整流罩的上部增加了逃逸系统结构（包括逃逸塔和上、下支撑机构及栅格翼等），因此，整流罩壳体的结构也相应作了调整。

整流罩壳体从上到下由前锥段（含球冠）、前柱段、后锥段、后柱段及倒锥段组成（图 8－9），前端装有逃逸塔，后端与仪器舱相连接。其中，前锥段、前柱段和后锥段又称为上部整流罩，它们与逃逸塔及飞船逃逸部分组成逃逸飞行器；后柱段和倒锥段称为下部整流罩，不参与逃逸飞行。除了环向连接外，整流罩壳体纵向分为两个对称的半罩，通过纵向解锁机构（连接－分离装置）连为整体。壳体的内、外表面上安装了多个功能机构或组件：前锥段内表面上有 3 组上支撑机构；前柱段外表面上分布了 2 个高空分离发动机和 4 个高空逃逸发动机，壳体上还开有1.1米×1.1米的全箭最大的舱口——航天员进出舱口；后锥段内表面上装了3组下支撑机构和2套灭火装置（防止逃逸分离过程中可能发生的火灾），而外表面上安装了4个栅格翼；倒锥段下部纵向分离面两侧各装有8根分离弹簧组件。

因为结构复杂，受集中力大且作用点较多，所以整流罩壳体没有采用常用的蜂窝夹层结构，而是采用了桁条式或梁式的铝合金半硬壳铆接结构，其中除倒锥段为外加桁条结构外，其余各段均为内桁条结构。为了满足对无线电波的透波率要求，前锥段顶部的球冠材料采用的是5～7毫米厚的层压玻璃钢，前柱段、后锥段和后柱段也开了相应的玻璃钢透波窗口。此外，气流的冲刷会在整流罩的外表面产生比较大的气动加热作用，因此需要做热防护；球冠采用的玻璃钢材料本身就是耐热材料，不需要更多的处理；而在锥段和柱段的外表面则要粘贴特制的软木进行防热。

7. 助推器结构的特点

助推器结构其实就是一枚单级火箭结构，有的大型火箭的助推器甚至就是由它的一子级火箭加上小型整流罩组成的。长征2F载人火箭的助推器较小，全长16米，直径只有2.25米，但所谓麻雀虽小，五脏俱全，它的箭体结构也包括头锥、氧化剂箱、箱间段、燃料箱、后过渡段和尾段等几部分（图8-10）。

图8-10 助推器结构

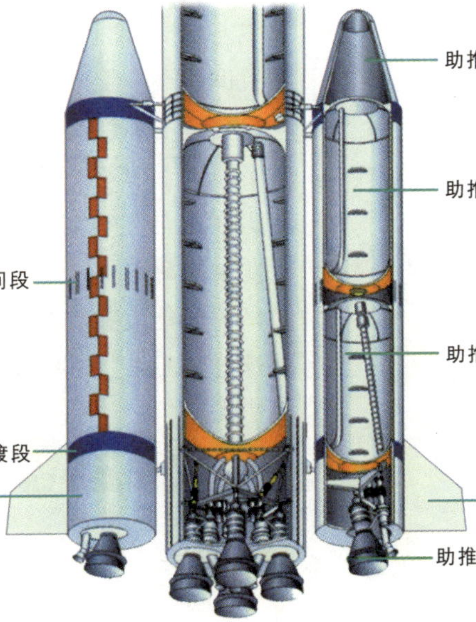

头锥就是一个小型整流罩，它的材料和结构形式也都类似于火箭整流罩，由玻璃钢端头和采用铝合金内桁条式半硬壳结构的锥段组成。锥段的外表面也贴了软木作为防热层。

助推器贮箱与芯级贮箱类似，只是体积较小。由于与发动机相隔较远，助推器的氧化剂箱前底和燃料箱后底外侧都不需要做防热处理。另外，助推器氧化剂箱上端的前短壳装有与芯级连接的前连接杆，为了加强结构，对它采用了外加桁条的铝合金半硬壳结构。

助推器箱间段的结构形式与芯级箱间段不同，采用了铝合金内桁条式半硬壳结构。

助推器后过渡段与芯级后过渡段所用材料和结构形式基本相同，它的外侧装有与芯级连接的后连接接头，是助推器的主要受力壳段，采用的是铝合金梁式半硬壳结构。

助推器的尾段结构类似于一子级尾段，所不同的是没有发射支座，壳体结构形式为内桁条式，同时壳体外侧还安装有尾翼。助推器尾翼为铝合金梁式半硬壳结构，弦长2.25米，宽0.78米。为什么要装尾翼呢？飞机飞行时需要靠机翼来稳定机身，这是空气动力学的要求，火箭也是如此。虽然火箭在太空中飞行时尾翼无用武之地，但别忘了火箭还是要从地面起飞的，即也要受到大气层中空气的作用力，因此火箭的一子级上经常会装有起稳定作用的尾翼。长征2F载人火箭的一子级捆绑了4个助推器，所以4个尾翼就装在了助推器尾段的外侧。其实在正常飞行时，火箭一般不需要用尾翼来增加稳定性；但在发生故障时，火箭可能会因失去控制而迅速出现翻滚，这时候尾翼就能发挥作用了，它可以延缓火箭出现翻滚，为航天员的逃逸争取更多的时间。

8．火箭各部分之间是怎样连接和分离的

多级火箭的连接方式主要有3种：有将多枚单级火箭串联

在一起，使它们的轴线在一条直线上的串联式；有将一枚较大的单级火箭放在中心，在它的周围连接多枚小火箭的并联式；当然还有像长征 2F 载人火箭这样串联和并联结合的方式。无论采用哪种方式，火箭各部分之间都需要用到连接－分离装置。

按照长征 2F 载人火箭的正常飞行时序，各大部分的分离先后顺序依次为逃逸塔分离、助推器分离、级间分离、整流罩分离和船－箭分离，其中，逃逸塔分离在第十四章中介绍。

(1) 助推器分离

长征 2F 载人火箭的助推器与芯级之间有前、后两个连接点。前连接点（称为前连接杆）由 3 根组成“*N*”字形的连杆连接，每根连杆分成 3 段，每两段之间用爆炸螺栓（这种螺栓是空心的，内部装有炸药，通电后可以把螺栓炸断）相连；后连接点（称为后连接接头）是主承力点，由球头栓、球窝座及带聚能切割索的分离螺母组成，球头栓装在助推器发动机机架上，穿过助推器后过渡段壳体用分离螺母与装在一子级后过渡段上的球窝座相连。

助推器接到分离指令后，装在每枚助推器箱间段外侧的 4 台分离小火箭首先点火，0.1 秒后，爆炸螺栓和聚能切割索同时引爆，使前、后连接点解锁（断开），然后，4 个助推器借助分离火箭的推力离开芯级火箭（图 8－11）。

图 8－11　助推器分离

(2) 级间分离

级间分离部位一般用爆炸螺栓或带环形爆炸索的连接件连接。爆炸索与爆炸螺栓的作用都是把火箭各级之间的连接件炸断。炸断了连接件后，级间分离的方式也有两种，即热分离和冷分离。所谓热分离，是指靠前面一级火箭发动机喷出的高温燃气流把后面一级火箭推开，因此前面一级发动机是在连接件解锁时就已经点火了；而冷分离方式中使前、后两级火箭分开的力量，是装在后面一级火箭上的反推火箭的推力，前面一级火箭的发动机要在前、后两级火箭分开后才点火。

长征2F 载人火箭的级间分离采用的是热分离方式，分离时由控制系统发出一、二级分离和二级发动机点火指令，级间分离面上的14 个爆炸螺栓同时引爆，使级间连接解除，已点火的二级发动机推动二级火箭加速向前飞行，而二级发动机喷出的高速燃气流喷射在一级氧化剂箱前底上，增加了一子级箭体飞行的阻力，从而迫使一子级箭体离开火箭。

(3) 整流罩分离

整流罩有 3 个横向分离面和 1 个纵向分离面。横向分离面从前往后分别是逃逸塔尾裙与前锥段之间的逃逸塔分离面、后锥段与后柱段之间的逃逸分离面和倒锥段与仪器舱之间的整流罩分离面，各分离面均用爆炸螺栓连接；其中，整流罩分离面上还装有 4 对挂钩式旋转铰链，使整流罩实现横推 – 旋转分离。纵向分离面将整流罩分成两个半罩，两个半罩间用纵向解锁机构连接。纵向解锁机构由多把机械锁、锁间连接拉杆及拉式火工作动筒组成。

整流罩与箭体的分离过程也叫抛罩过程。火箭飞行约200秒时，倒锥段与仪器舱之间的整流罩横向分离面上的12 枚爆炸螺栓起爆，横向分离面被解锁。0.1 秒后，拉式火工作动筒工作，拉动拉杆使所有机械锁打开，解除整流罩的纵向连接。此时，整流罩纵向分离面两侧的16 组压缩分离弹簧向外推动两个半罩绕着横向分离面上的 4 对挂钩式铰链旋转，旋转到约65° 角时挂钩式铰链自动脱钩，两个半罩向外侧抛出(图8–12)。

图8–12 整流罩分离轨迹

(4)船–箭分离

船–箭分离系统由船–箭锁紧装置、安装在飞船支架上的4组压缩分离弹簧及安装在二子级箭体上的4枚反推火箭和1枚侧推火箭组成。

船–箭锁紧装置主要由包带、V形卡块、柱轴、爆炸螺栓、限位弹簧和系留弹簧等构件组成，包带由两个半环钢带组成，每条钢带上装有17个V形卡块，钢带两端装有柱轴，两个爆炸螺栓通过柱轴将两条钢带连接成一个完整环形（图8–13）。

船和箭对合后，飞船推进舱后端框与飞船支架前端框外的对接法兰边组合成了30°夹角的外翻法兰，用34个V形卡块将其夹住，再用包带将V形卡块捆压住，最后用爆炸螺栓将两

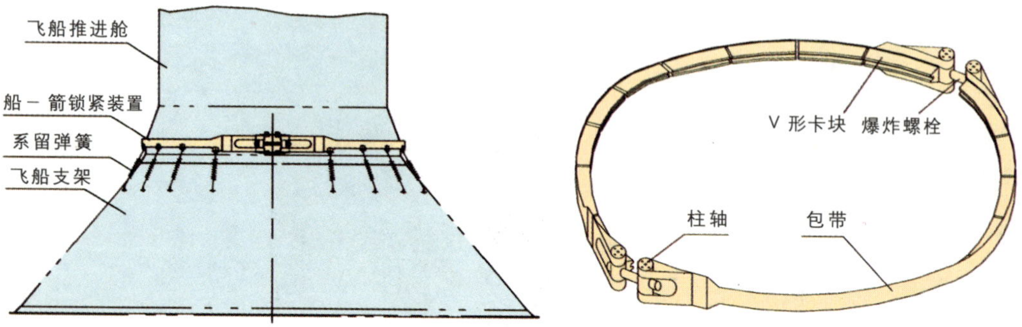

图 8－13 船－箭锁紧装置

条包带紧紧连在一起，通过包带施加的压力使得 V 形卡块将两个对接法兰卡牢。柱轴上、下端装有限位弹簧。系留弹簧一端连在包带上，另一端连在飞船支架的壳体上。

船－箭分离时，由控制系统发出分离指令，船－箭锁紧装置的两个爆炸螺栓同时引爆，包带两端解锁，包带对 V 形卡块的压力和 V 形卡块对对接法兰的夹紧力同时消失，船－箭分离面解锁，24 根系留弹簧立刻将两条包带拉到飞船支架上，而 4 组限位弹簧限制了包带的横向运动，防止碰撞飞船。与此同时，4 组压缩分离弹簧推动飞船加速离开二子级箭体，而反推火箭和侧推火箭则起到了减慢二子级箭体飞行速度的作用，并将它推离飞船轨道，从而保证了飞船与二子级箭体之间的安全分离。

第九章

载人火箭的飞天动力源

—— 火箭动力

我们在电视上看火箭发射的时候，都会看到这样一个镜头：指挥员进行10秒钟倒计时后发出“点火”口令，随后，火箭下部喷出橘红色火焰，火箭腾空而起，身后拖着长长的火焰快速上升。

那么，火箭为什么要点火，又是什么东西使火箭飞起来呢？这就要说到本章的主角——火箭动力系统。

1. 飞机的动力系统能用来发射火箭吗

同样是能够飞上天的大型运输工具，喷气式飞机（图9－1）与火箭有很多相似之处，如外形都是流线形，采用的壳体结构材料差不多，都靠发动机向后喷气产生的推力往前飞行。那么，既然都采用向后喷气的方式，飞机的动力系统能用于火箭吗？

图 9－1　喷气式飞机

（1）氧化剂问题

我们都知道，飞机上天要携带燃料（航空煤油），通过燃料燃烧释放的能量来为发动机提供动力。但这个燃烧过程光有燃料是不行的，它还需要消耗大量的氧化剂。飞机不需要带氧化剂，它周围的空气可以给它提供足够的氧化剂——氧气，可这同时也就限制了它的飞行高度，因为大气层中的氧气会随着高度的增加而降低，从而导致飞机发动机的功率相应下降，真空状态下甚至会失去动力。为了解决这个问题，火箭发射时不仅带有燃料，同时还自带氧化剂。因此，火箭发动机正常工作的高度不受大气层的限制，而且随着飞行高度的增加，外界大气压力逐渐减小，它所产生的推力还会相应增加，到达真空状态时推力将达到最大。

（2）材料问题

与飞机的动力系统相比，火箭动力系统的工作强度更高，它的工作环境也更为恶劣，因此要采用特殊的材料和结构来制造，以保证可靠地工作，而且在同样推力的条件下，要求火箭发动机的体积和质量尽可能地小。这些都决定了火箭动力系统材料的选择要非常严格，加工工艺也极为复杂。

2．火箭发动机家族

火箭上使用的发动机数量很多，它们有大有小，服务于不同的系统，如动力系统的主发动机、分离系统的分离发动机和控制系统的姿控发动机等，一般用为发动机提供动力的推进剂的能量类型来对它们进行分类。理论上能赋予火箭发动机动力的能源种类相当多，但目前技术较为成熟并已在火箭上进行了实际应用的主要是化学能和电能。

（1）化学能火箭发动机

化学能火箭发动机是在火箭动力系统中应用最广泛的品种，它的动力来源于输入其中的物质（推进剂）剧烈的化学反应（燃烧）所产生的能量。推进剂包括燃料和氧化剂，形态有液体和固体之分，因而化学能火箭发动机一般可分为液体、固体和固－液混合 3 种类型。

1）液体火箭发动机。发动机使用的推进剂在常温或低温下呈液态，储存在推进剂贮箱中，发动机点火时由导管送入发动机燃烧室完成燃烧反应。液体火箭发动机由推力室及其辅助管路系统组成。其中，推力室是发动机产生动力的主要构件，包括喷注器、燃烧室和喷管，若使用非自燃推进剂，还要有点火装置，如电火花塞等。

液体火箭发动机的优点是效能高、工作时间长、适应性强，可以通过控制推进剂的流量来调节推力大小，并实现关机和多次启动。它的缺点是结构复杂，而且火箭必须携带较大的推进剂贮箱，这对火箭的体积和质量都有很大影响，会造成火箭运载能力的损失。

2）固体火箭发动机。发动机使用的推进剂是由氧化剂、燃料和其他添加剂组成的固态混合物。固体火箭发动机由燃烧室、喷管和点火装置等组成（图9－2），推进剂做成长条形药柱直接装在燃烧室内，由点火装置点燃直至全部燃尽。它的喷管结构比液体火箭发动机的要复杂一些，可以是一个，也可以是多个。点火装置通常由电爆管、点火药和壳体结构组成。电爆管通电后爆炸，引燃点火药，点火药燃烧时点燃药柱。大型固体火箭发动机的点火装置本身就是一个小型固体火箭发动机，所以又叫点火发动机。

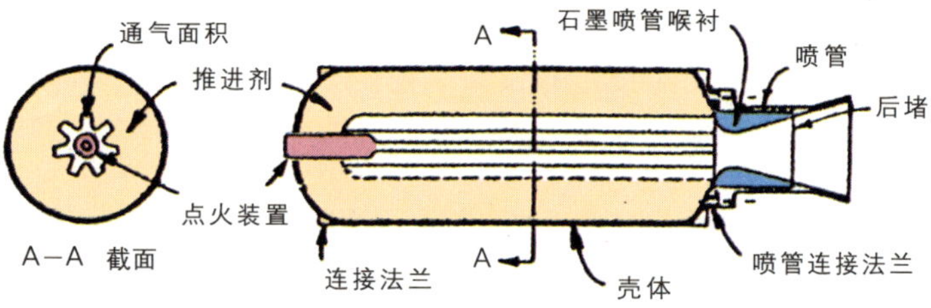

图9－2 固体火箭发动机示意图

固体火箭发动机的优点是不需要推进剂供应系统和喷注器等部件，结构简单、工作可靠；推进剂药柱可以长期贮存，较为安全，处理和操作方便；而且火箭省去了推进剂贮箱结构，体型较小。它的缺点是效能较低、工作时间短，药柱一经点燃就不易熄灭，因而难以调节推力大小，也不能多次启动。

3）固－液混合火箭发动机。这种发动机集合了固体和液体火箭发动机的优点，在燃烧室中放置固体燃料或氧化剂药柱，另加一个贮箱存放液体氧化剂或燃料，然后通过液体推进剂组分供应系统把贮箱与发动机推力室连接起来（图9－3）。点火时，液体推进剂组分被送入燃烧室完成燃烧反应，可以是固、液推进剂组分相互接触时自燃点火，也可以像固体火箭发动机一样安装点火装置点火。

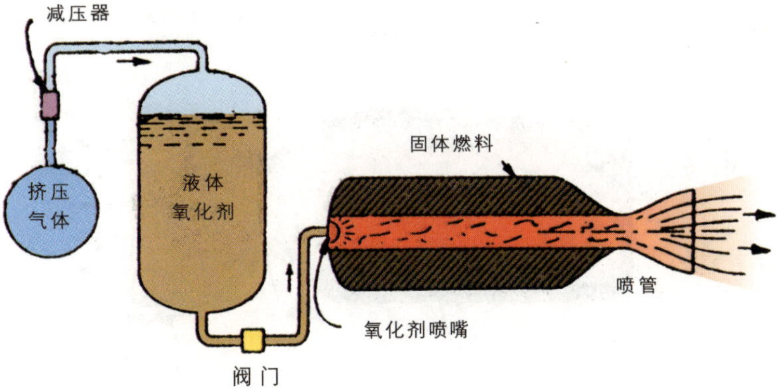

图 9−3 固－液混合火箭发动机示意图

(2) 电能火箭发动机

电能火箭发动机利用电能对推进剂加速，形成高速射流从发动机内排出而产生推力。通过改变电荷密度，施加电场，发动机推力可以有很大的变化范围。发动机的电能可以由化学能、核能或太阳能转化生成。按对推进剂的加速方式分，电能火箭发动机又可分为电热火箭发动机、静电火箭发动机和电磁火箭发动机。

电能火箭发动机效能高，但推力极小，适用于航天器的姿态控制、位置保持和星际航行等。

3. 液体火箭发动机的主体结构

我们通常提到的发动机，实际上只是指发动机系统中产生动力的那一部分，即发动机推力室。液体火箭发动机的推力室由头部和身部焊接组合而成，头部是由顶盖、喷注器、隔板及搭板组成的焊接整体，是发动机的承力与传力组件；身部是由圆柱段燃烧室和先收缩后扩张的喷管构成的整体，其结构主要由内壁、外壁、波纹板、集合器及加强箍等零件焊接而成，总体外形见图 9−4。

推力室的工作过程：推进剂经过喷注器按一定流量和混合比喷入燃烧室，通过雾化、混合、燃烧后形成气体，此时燃烧室中的燃气温度可高达三四千摄氏度，压力达到数十兆帕，然

图 9－4 发动机推力室示意图

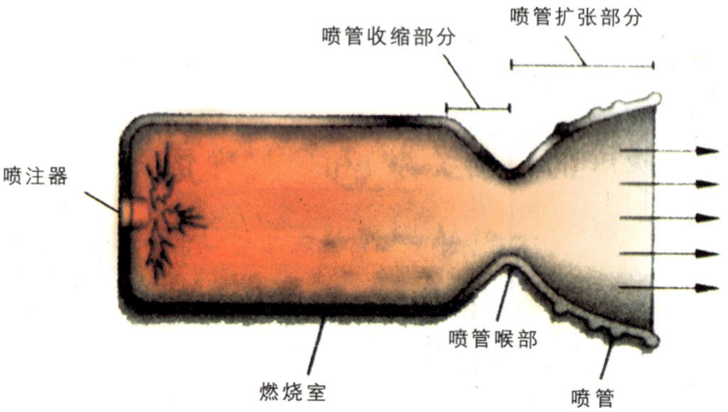

后，剧烈膨胀的高温燃气通过喷管的加速，以极高的速度从喷管口喷出。

(1) 喷注器

喷注器的作用是使推进剂按一定流量进入燃烧室，将其雾化并以一定的比例相互混合，形成均匀的燃料与氧化剂的混合物，便于气化和燃烧。按喷注方式，喷注器可分为直流式、离心式和同轴式喷注器。

(2) 燃烧室

燃烧室是推进剂雾化、混合和燃烧的容腔，通常为球形或圆柱形，头部装有喷注器组件，下面与喷管连成一体。由于燃烧室包含着高温（3 000 ℃以上）、高速的燃气流，气体温度远远高于大多数结构材料的熔点，所以对推力室结构必须实施冷却。如在推力室的内、外壁间构成各种类型的冷却套，使部分推进剂从冷却套中流过，带走高温燃气传导给内壁的热量后再经喷注器进入燃烧室，这种冷却方式称为再生冷却。燃烧室还可以采用薄膜冷却方式，即在内壁喷入冷却用的推进剂，形成一层低温燃气以保护燃烧室。

(3) 喷管

喷管的作用是让高温、高压燃气迅速膨胀、加速并高速喷出，将热能转变为巨大的动能。火箭发动机的喷管一般都是呈收缩—扩张形的超声速喷管，也叫拉瓦尔喷管（图9－5）。那么，喷管为什么要做成这种像带裙箍的西式大礼服裙一样有趣的形状呢？是为了产生更高的排气速度。

我们都知道在用水管给花浇水时，如果用手指挤压水管口，水流的速度就会发生改变，留的出水口越小，水流喷射出的速度就越快，冲击力也越大，气体也是如此。但是对于发动机推力室来说，排气速度会随着出口面积的缩小而一直增大吗？当排气速度小于声速时，答案是肯定的；当排气速度超过声速后，答案就是否定的了。流体速度与声速的比率称为马赫数 Ma，Ma 大于1后的情况是出口越大，排气速度越高。因此，我们看到喷管被做成了现在这种样子：燃烧室里产生的高温、高压、低速燃气先要经过一个收缩段进行加速，直至到达喷管最狭窄的喉部位置时达到声速（$Ma=1$）；燃气在冲出喷管喉部后，要经历一个较长的扩张段，使排气速度迅速增加到超声速。

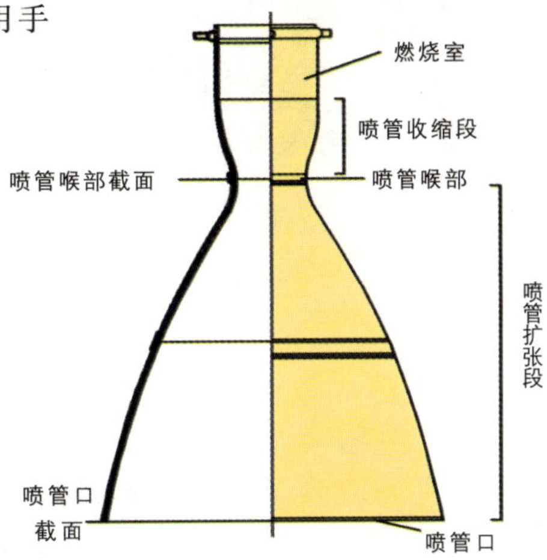

图9－5 拉瓦尔喷管

喷管的主要结构参数为出口截面积与喉部截面积之比，称为喷管面积比，为了追求更高的出口排气速度，通常会在允许的情况下将喷管扩张段尽量拉长，使出口截面积尽量加大。助推发动机的喷管面积比一般在10～15左右，高空发动机可以高达几百。

4. 衡量火箭发动机性能的主要参数

(1) 推力

火箭发动机的功能就是产生能使火箭前进的推力，因此，推力是衡量发动机工作能力的主要参数之一。可发动机的推力

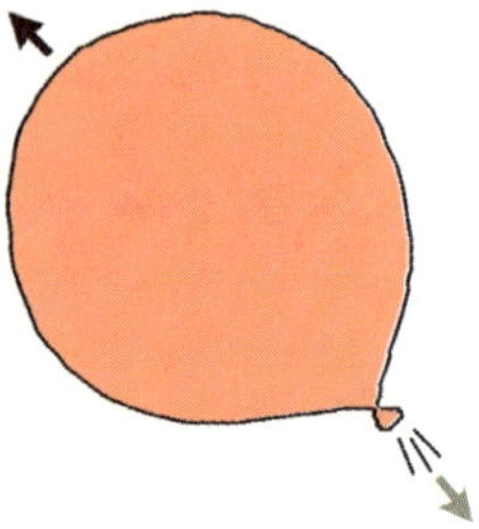

图 9－6 作用力与反作用力

到底是怎样产生的呢？为什么向后喷气会产生向前的推力呢？这就要谈到牛顿第三定律——作用力与反作用力定律了。生活中最常见的例子是气球，把一只充满了空气的气球的球嘴松开，它就会向球嘴的反方向飞出去，这是因为由球嘴喷气产生的作用力得到了一个作用在气球上的大小相等、方向相反的反作用力（图 9－6）。

但气球也不会一直飞，当它内部的空气量逐渐减少，它的推力也会逐渐减小，气球最终会落到地面上。火箭发动机的受力情况类似于气球，但由于要负担整个火箭的重力和相关阻力，它的推力必须持久和足够大。

液体火箭发动机的推力与推进剂消耗量、燃气排气速度和喷管面积比等参数相关，同时也会随着飞行高度的增加而略有变化。火箭起飞后，大气压力会随着飞行高度的增加而越来越小，它对发动机燃气排气速度的影响也会随之降低，因而发动机推力会相应地有所增加，在穿出大气层、到达真空状态时推力达到最大值。为此，表示同一台发动机的推力可以有两种表述：

1）海平面推力，即在大气压力为 101 千帕、推进剂温度为 15 ℃的环境下计算出的推力；

2）真空推力，即在大气压力为零的条件下经热试车测得或计算出的推力。

根据任务的不同，火箭发动机推力的范围很大，大型发动机的推力可高达几兆牛，而姿态控制系统用的微型发动机的推力有的还不到 1 牛。

（2）发动机比冲

火箭发动机在稳定工作状态下，每秒消耗单位质量推进剂所产生的推力值被称为发动机比冲。发动机比冲是衡量发动机能量效率的一个重要参数，它主要取决于所采用推进剂的种类和喷管面积比，并随着发动机工作高度的增加而增加。在同样的喷管面积比下，推进剂的能量越高，发动机的比冲越大；而对于同一种推进剂，则是喷管面积比越大，发动机比冲越高。

所以采用更高能量的推进剂，增大喷管面积比，不断改善发动机工作过程以提高发动机比冲，是现代液体火箭发动机研制的一条主要途径。

液体火箭发动机比冲是通过对推进剂流量与推力的测量计算出来的，范围一般在2 500～5 000米/秒。对固体火箭发动机无法精确测量推进剂的流量，可以用总冲量（推力与工作时间的乘积）除以推进剂的总消耗量以求得平均比冲，范围在2 000～3 000米/秒。同推力一样，发动机比冲也分为海平面比冲和真空比冲。

（3）工作时间

发动机的工作时间是指飞行时发动机产生推力的时间。火箭发动机的工作时间比航空发动机的工作时间要短，大型液体火箭发动机的工作时间通常为100～500秒，大型固体火箭发动机的工作时间会更短；但对于小型液体或固体火箭发动机，根据不同需要，工作时间变化很大，可以是脉冲式的或长时间连续的工作方式。

（4）推进剂混合比

液体火箭发动机的氧化剂质量流量与燃料质量流量之比称为推进剂混合比。氧化剂与燃料均能完全燃烧的推进剂混合比称为理论混合比，这个值取决于所采用的推进剂类型。实际上，发动机最佳工作状态的混合比一般低于理论混合比。

一定量的燃料完全燃烧需要相应的氧化剂。对于液体火箭来说，燃料和氧化剂哪一组先用完都意味着另一组剩余的部分成了发动机无法利用的废物，但这部分废物无疑也要占用火箭的运载资源。另一方面，废物过多就说明发动机可利用的推进剂少了，自然会影响发动机的工作时间，而发动机提前关机的结果可能是火箭无法进入预定轨道，整个任务前功尽弃。因此，推进剂混合比及其偏差量是确保发动机完成工作的重要参数。推进剂混合比是通过发动机热试车测得的，而混合比偏差量则是通过对发动机多次性能热试车获得的统计数据进行计算分析得到的。混合比偏差量的大小与发动机推进剂流量控制的精度有关。

5. 火箭发动机的食粮
——推进剂

火箭的推动力是依靠某些物质在推进装置内进行能量转换产生的，这些物质称为推进剂。推进剂一般有液态和固态两种状态。

(1) 液体推进剂

液体推进剂是一种液态物质或几种液态物质的组合。常用的液体推进剂按包含的基本组元数目，可分为单组元和多组元推进剂两大类。

单组元推进剂是一种含有进行燃烧和分解反应所必需的元素的单相液体化合物或混合物，如过氧化氢、无水肼、硝基肼等。单组元推进剂的化学活性较强，在热或催化剂的作用下，就能迅速分解燃烧产生高温气体。

多组元推进剂中广泛使用的还是我们熟悉的燃料和氧化剂双组元推进剂（本章中提到的液体火箭发动机主要是指双组元液体火箭发动机）。燃料是可燃物质，如液氢、偏二甲肼、一甲基肼、肼、煤油等；氧化剂是助燃物质，如液氧、四氧化二氮、氟、氯、硝酸等。双组元推进剂又可分为自燃推进剂和非自燃推进剂，前者在使用的温度和压力范围内以液态接触时就能着火燃烧（如偏二甲肼与四氧化二氮），后者则需要由专门的点火装置引燃。采用自燃推进剂免去了点火系统，但必须避免推进剂泄漏，否则会造成燃烧或爆炸事故。

(2) 固体推进剂

固体推进剂是由燃料、氧化剂和添加剂等组成的固体混合物。其中，燃料和氧化剂是基本成分，添加剂是指为提高燃烧性能而加入的少量的其他成分。

知识链接

单组元推进剂发动机

单组元推进剂发动机只需要一个推进剂贮箱，推进剂管理较为简单，而且一般为温度较低的分解反应，不会给推力室带来大的热量控制问题；但缺点是推进剂能量较低，发动机比冲要低于双组元推进剂发动机和固体推进剂发动机。

固体推进剂可加工成柱形、翼形和球形等各种形状，都被称为固体药柱。根据不同的燃烧要求，药柱的横截面呈各种不同的图形（如星形、环形、多孔形等），它们有的从端面燃烧，有的从内孔燃烧。

知识链接

推进剂组元

推进剂组元是指单独储存并单独向发动机供给的液体推进剂的组成部分。

6. 怎样把推进剂送入发动机推力室

我们知道，液体推进剂通常是储存在各自的贮箱中的，但它们的工作地点在发动机推力室，那么，是谁把它们送到那儿的呢？是推进剂输送系统。推进剂输送系统相当于人体的“心血管系统”，采用 2 套各自独立的单向流动的管路（燃料与氧化剂管路）。血液的流动需要心脏给予动力，推进剂的定向流动也需要动力，按照动力来源的不同，推进剂输送系统可分为挤压式和泵压式两大类。

图 9－7 挤压式输送系统

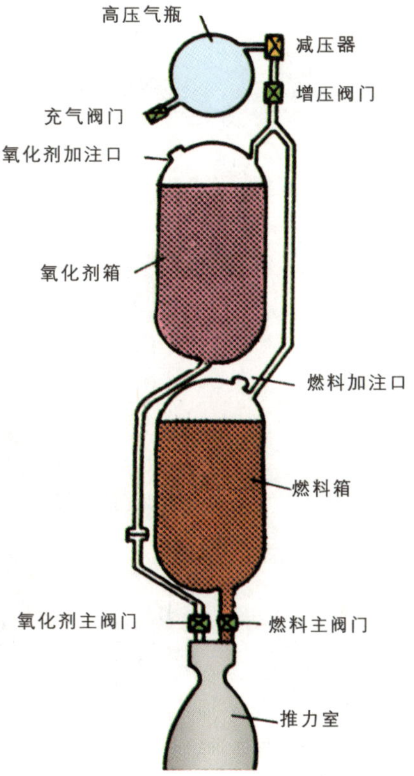

(1) 挤压式输送系统

挤压式输送系统的原理比较简单，就是通过高压气瓶给贮箱顶部充气增压来把推进剂挤入贮箱下部的导管，并最终送入发动机推力室（图 9－7）。其中，高压气瓶也可以由燃气发生器取代，气体由部分推进剂燃烧所产生，但要求被压入贮箱中的气体相对于被挤压的推进剂来说必须是惰性的，也就是不会发生化学反应。挤压式输送系统通过对气体的增、减压来调节推进剂的流量，结构简单，易于实现多次启动，但贮箱承受压力较大，一般只用于小推力或短时间工作的火箭发动机（如姿控发动机）。

(2) 泵压式输送系统

大推力、长时间工作的液体火箭发动机大都采用泵压式输送系统。这种输送系统一般也包含着类似挤压式的气体输送管路来为贮箱增压，所以将两者合称为增压输送系统。

图 9－8 为长征 2F 载人火箭动力系统的增压输送系统工作流程图。

从图 9－8 中，可以清楚地看到推进剂与增压气体的输送线路，按说图中所有的相关部件以及它们之间的连通管路都应该属于增压输送系统，但实际上我们习惯于将图中橙色框中的部分称为发动机系统，蓝色框中的氧化剂箱和燃料箱以及它们连接发动机系统的管路部分才被称为输送系统，绿色框中的部件及其管路则属于增压系统。

发动机系统从外观上看是由推力室及安装在其头部周围的各种组合件及管路组成的，从功能上分则可分为涡轮启动系统、涡轮工质供应系统、推力室推进剂供应系统和自生增压系统 4 部分。

1）涡轮启动系统是驱动涡轮转动，使发动机由非工作状态向稳定工作状态加速过渡的最初动力源，由火药启动器和电爆管等组成。

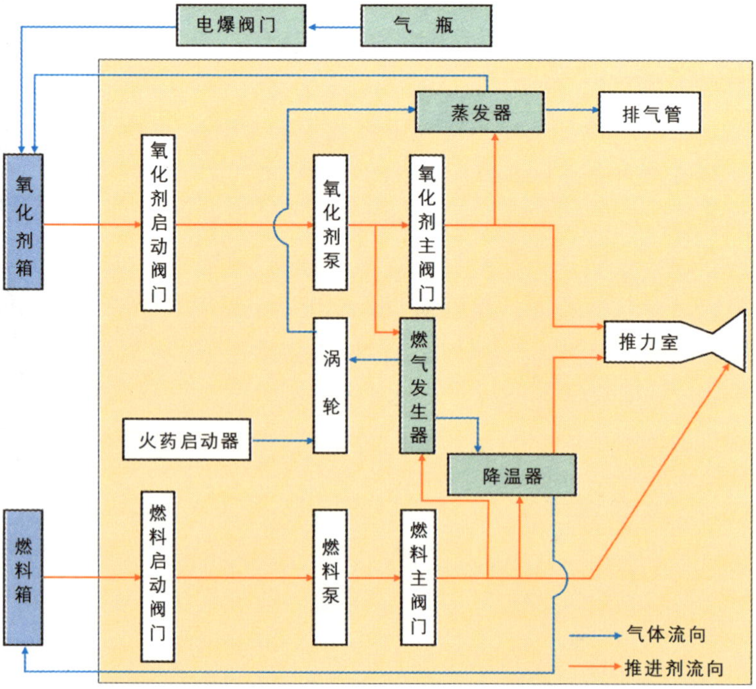

图 9－8　增压输送系统工作流程图

2）涡轮工质供应系统简称副系统，是维持涡轮正常工作的能源系统，由过滤器、氧化剂副断流阀门、气蚀管、副单向阀门、氧化剂副节流圈、燃气发生器、电爆管及导管等组成。

3）推力室推进剂供应系统简称主系统，是涡轮泵向推力室供应推进剂的系统，由启动阀门、涡轮泵、节流圈、主阀门、推力室、电爆管及导管等组成。

4）自生增压系统指的是图9－8中不用气瓶的那两路为贮箱增压的气体的能源系统。其中，氧化剂增压系统是把部分氧化剂通过蒸发器（以涡轮中排出的高温废气为热源）变为高温气体后向氧化剂箱增压，由气蚀管、蒸发器、单向阀、集合器及导管等组成；燃料增压系统是把部分涡轮燃气通过降温器降到规定温度后向燃料箱增压，由燃气发生器、声速喷嘴、降温器、单向阀门、集合器、节流圈及导管等组成。

其中，带燃气发生器的涡轮泵是整个泵压式增压输送系统的关键部分。涡轮泵可以说是火箭动力系统的“心脏”，包括燃料泵、氧化剂泵和涡轮，三者是用一根轴连接而成的联动装置。泵需要靠涡轮转动提供的轴动力来带动，而涡轮则是靠燃气发生器产生的高温高压燃气的冲击来保持转动的（图9－9）。

图9－9 涡轮泵工作原理

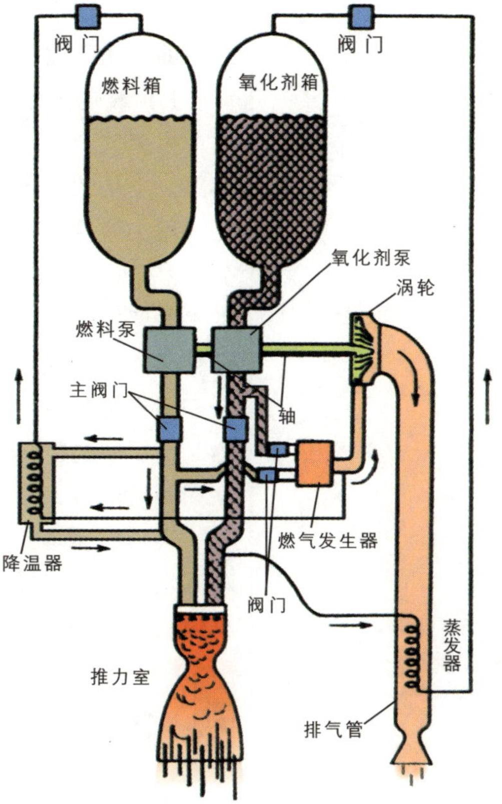

输送系统分为氧化剂输送系统和燃料输送系统，两套系统均包括贮箱及装于贮箱中的防漩器、承担各自输送任务的输送管和管路上的加注、安溢、清泄等阀门，区别是氧化剂输送管在启动阀门前还装有蓄压器（POGO 抑制装置）。

增压系统也分为氧化剂增压系统和燃料增压系统。长征2F载人火箭动力系统的氧化剂和燃料增压系统均以发动机自生增压系统为主增压系统，同时另设

> 知识链接
>
> **气瓶补压系统**
>
> 因为火箭启动阶段氧化剂箱的自生增压气体比燃料箱的产生的慢，导致箱内增压压力不足，所以需要短时间地采用气瓶补压。气瓶补压系统由气瓶、导管、卸荷开关、电爆阀门和节流圈等组成。

了一套容积为20升的气瓶补压系统来为氧化剂箱补充增压。

（3）增压输送系统的工作过程

启动阀门打开后，推进剂在贮箱压力和重力的作用下对主、副系统进行充填。燃料和氧化剂分别流经各自的启动阀门、泵、主阀门和节流圈，进入推力室头部。

火药启动器通电工作后，产生的燃气进入涡轮，其中，除一小部分燃气经降温器冷却后被送入燃料箱增压外，绝大部分燃气都用来驱动涡轮运转。与此同时，气瓶电爆阀门打开，气瓶内的高压氮气进入氧化剂箱补充增压。

涡轮带动两个泵为推进剂增压，当进入副系统管路中的推进剂的压力达到一定值时，氧化剂和燃料的副单向阀门相继打开，部分推进剂进入燃气发生器内燃烧，产生高温高压燃气，与火药启动器产生的燃气一起驱动涡轮运转。此时，氧化剂和燃料的输送线路各自分为了3路：

1）氧化剂在通过氧化剂泵后，引出了一路进入燃气发生器产生燃气，其余的大部分在通过了氧化剂主阀门后又分成了两路，少量的经蒸发器加热为气体后返回氧化剂箱增压，余下的经推力室顶部的喷注器进入推力室。

2）燃料在通过燃料主阀门后分成了3路，一路进入燃气发生器产生燃气；一路先作为冷却剂用来在降温器中冷却为燃料箱增压的燃气，然后经推力室顶部的喷注器进入推力室；最后一路也是燃料的绝大部分，则从发动机喷管尾部进入推力室内、外壁间的冷却套中，向推力室顶部流动，在完成了对燃烧室和喷管的冷却工作后再经喷注器进入推力室。

火药启动器的装药烧完后，燃气发生器产生的燃气单独驱动涡轮工作，使涡轮泵逐渐进入额定工作状态，推进剂由自流充填完全转为泵压输送。

7. 为什么要给推进剂贮箱增压

给推进剂贮箱增压的目的是保持贮箱气枕的压力。

火箭点火前，由地面供气系统给各贮箱的气枕预加一定的压力。火箭点火时，各启动阀门打开，靠气枕的预加压力和推进剂自身的重力，推进剂充填入发动机系统。泵启动后，发动机进入稳定工作状态，此后就要靠增压系统提供的增压气体来使容积逐渐增大的贮箱气枕始终保持稳定的压力了。

那么贮箱气枕的压力有什么作用呢？主要有以下几点：

1）挤压推进剂，让它进入贮箱下部的输送管路中。

2）满足贮箱的结构强度和刚度对内部压力的要求。

3）满足泵入口所需最低压力的要求，以确保在整个飞行过程中泵的工作不产生“气蚀”。这是保证动力系统可靠工作的重要条件之一。

> 知识链接
>
> **气枕**
>
> 推进剂加满后，贮箱顶部会留有一定的空间，此空间称为“气枕”。

8. 如何保证推进剂得到合理利用

前面提到了推进剂混合比是衡量发动机性能的重要参数之一，保证推进剂得到充分利用，减小混合比偏差量，是提高火箭运载能力的方法之一。推进剂利用系统就是用来减小混合比偏差量的，它在火箭飞行中能准确地测量出推进剂的剩余量，然后通过调节燃料的流量，随时控制氧化剂与燃料的混合比，使两者同时耗尽，从而达到尽可能充分利用推进剂的目的。

（1）推进剂利用系统的组成和原理

长征2F 载人火箭的推进剂利用系统安装在二级主发动机的推进剂输送系统中，由氧化剂液位传感器、燃料液位传感器、控制器、电机驱动器、电池、调节阀门和箭上电缆网等组成。

火箭起飞后，在一级飞行段，推进剂利用系统处于等待状态，并通过遥测系统向地面发送各种遥测数据。进入二级飞行段后，控制器开始不断检测主发动机系统的氧化剂和燃料液位传感器的液位信号，并根据液位信号和预先确定的控制方程及状态参数进行计算，算出混合比偏差量和修正数据；然后，根据计算结果通过电机驱动器来控制安装在燃料输送管支路上的调节阀门，调节燃料的流量，使两种推进剂能按预定的混合比

> 知识链接
>
> **气蚀**
>
> 推进剂高速流经泵时，压力降低，当压力低于当前温度下推进剂的饱和蒸气压时，推进剂将出现局部蒸发，产生并从液体中分离出气泡，这些气泡在进入高压区时会因受压而破裂，造成液体急速充填空间而形成冲击，因而对泵叶片表面产生破坏作用。这种现象称为气蚀。气蚀对发动机系统更为严重的影响是气泡破裂时使气体混入推进剂，形成气、液两相流进入发动机推力室，从而导致燃烧不稳定，进而影响到发动机的正常工作。

均衡排空，其原理示意图见图 9－10。

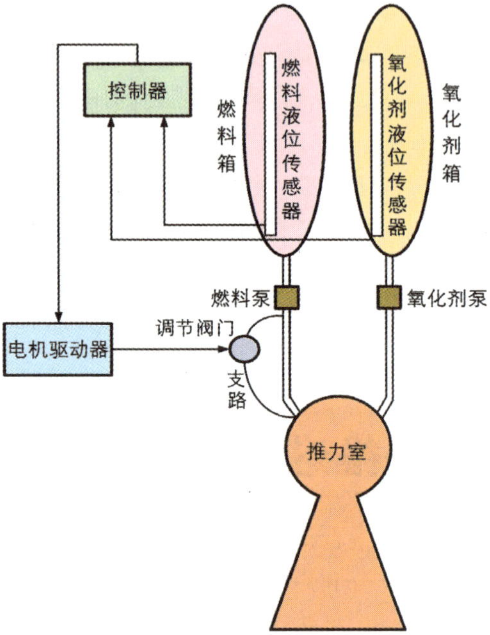

图 9－10 推进剂利用系统原理图

（2）液位传感器原理

液位传感器类似于在江、湖中立的水位标尺，常用的有浮子式和电容式两种形式（图 9－11）。长征 2F 载人火箭推进剂利用系统采用的是干簧管式浮子液位传感器，安装在氧化剂箱和燃料箱的下底上。

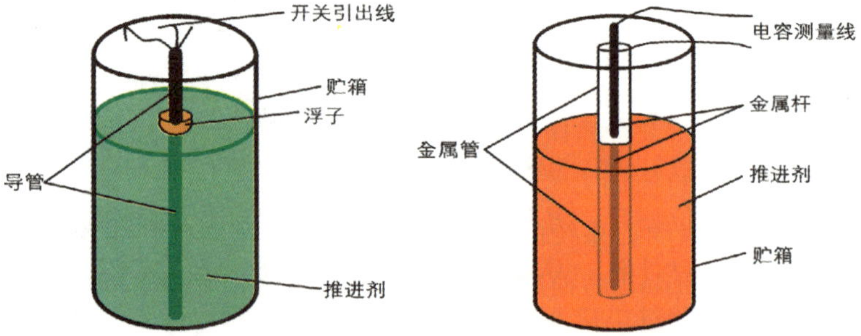

浮子式液位传感器　　电容式液位传感器

图 9－11 液位传感器

浮子式液位传感器是将一个长导管立于贮箱中，导管上穿有一个浮子漂在液面上，在导管内按不同高度分布着很多开关，当浮子到达某个开关时某个开关闭合。这样，通过检测开关的闭合与否即可知道液面的高度。电容式液位传感器的主要构件是内装有金属杆芯的长管状（或长金属片状）电容器。随着推进剂液位高度的变化，杆芯与管之间的电容量也相应发生变化，每一液位高度对应于某一电容量值，因而可以通过测量杆芯与管之间的电容量值求得液位的高度。

9. 动力系统的工作过程

长征 2F 载人火箭是两级捆绑式运载火箭，具有多组动力系统应用于不同的飞行时段。动力系统使用的燃料为偏二甲肼，氧化剂为四氧化二氮，二者在常温常压下均为液态，为自燃推进剂。

（1）动力系统组成

全箭动力系统包括助推器动力系统、一级动力系统和二级动力系统。

1）4 台助推器各有一套动力系统，包括一台发动机和全部的增压输送系统。每台助推器发动机的海平面推力约为 740 千牛，海平面比冲约为 2 550 米/秒，工作时间约为 136 秒。

2）一级动力系统的发动机是由 4 台独立工作的单机通过机架并联而成的组合发动机（图 9-12），共用一套增压输送系统。4 台单机采用轴对称安装，单机的海平面推力约为 740 千牛，海平面比冲约为 2 550 米/秒，工作时间约为 159 秒，可以沿箭体切线方向摇摆（最大摆角为 ±10°），以提供火箭一级飞行姿态的控制力。

3）二级动力系统的发动机是由一台主发动机和 4 台游动发动机通过机架组合而成的（图 9-13），它们有各自的输送管路，但共用推进剂贮箱、增压系统及输送系统中的部分设备。主发动机是一台高空大喷管发动机，固定在机架中央，保证推

图 9－12　一级发动机组合形式

图 9－13　二级发动机组合形式

力作用线与箭体轴线相重合，其真空推力约为742千牛，真空比冲约为2 942米/秒，工作时间约为303秒。游动发动机是小推力高空短喷管发动机，由共泵的4个推力室通过机架并联而成，其真空推力约为47千牛，真空比冲约为2 762米/秒，工作时间约为422秒。游动发动机的4个推力室按要求呈十字形布局，并有10°的安装角，每个推力室可沿箭体切线方向摇摆（最大摆角为±60°），以提供火箭二级飞行姿态的控制力。

（2）动力系统工作流程

火箭矗立在发射台上，各项准备工作完成后，指挥员下达“点火”口令，操作员按下“点火按钮”后，一级发动机启动，0.25秒后4个助推器发动机启动（一级发动机与助推器发动机的启动时间相隔0.25秒，主要是为了减小发动机启动时对箭体结构的冲击力）。点火后发动机推力迅速增大，当一级和助推器的共8台发动机的总推力大于火箭总重力时，火箭离开发射台升空。

火箭起飞后136秒左右，助推器发动机关机后随助推器一起分离。

飞行到约159秒时一级发动机关机，二级发动机点火，随后，一子级箭体与火箭分离。

二级主发动机在飞行到约460秒时关机，而二级游动发动机在主发动机关机后还会继续工作100多秒，将飞船送入预定轨道后于580秒左右时关机。

第十章

载人火箭飞天驾驶员

——飞行控制

汽车在驾驶员的驾驶下才能行驶，飞机在飞行员的驾驶下才能飞翔，火箭也必须在驾驶下才能飞行。

谁能担当火箭的驾驶员呢？一方面，由于火箭的飞行加速度大，飞行环境复杂，人在这样的环境中难以完成驾驶任务；另一方面，火箭是一次性使用的，需由自动驾驶员完成，这个自动驾驶员就称为“飞行控制系统”。

1. 火箭是如何在轨道上飞行的

(1) 火箭是按什么运动规律飞行的

在日常生活中，我们经常遇到类似火箭的飞行过程。例如，体育比赛中运动员扔标枪、掷铅球等项目，当运动员将标枪或铅球抛出去后，标枪或铅球就会沿着一定的轨道飞行，然后落到地面。运动员的成绩取决于标枪或铅球的最后落点，也就是其飞行的距离，飞行距离又取决于标枪、铅球离开人手时的角度及速度，这个角度和速度是由运动员的技巧和力量决定的（图10－1）。

图10－1　运动员掷标枪

火箭的飞行轨道与标枪和铅球的飞行轨道十分相似。但由于火箭在飞行期间，发动机不断喷出燃气流，推进剂在不断地消耗，火箭的质量也在不断地发生变化，这时火箭的运动与标枪或铅球的运动并不完全相同，火箭的运动是受经典力学规律支配的变质量体系的运动。

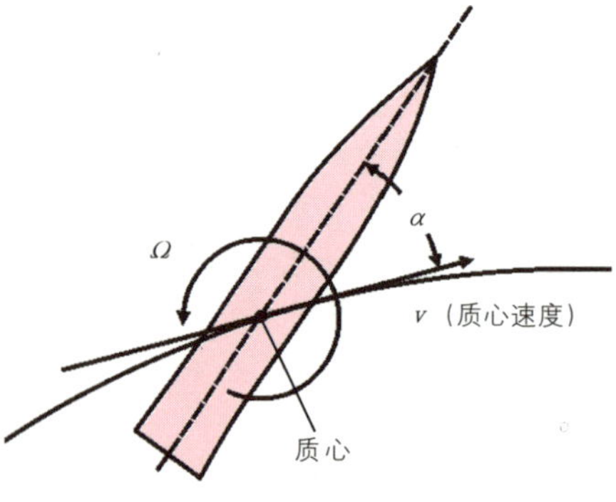

图10－2　火箭的质心运动和火箭绕质心运动示意图

火箭的运动分为火箭的质心运动和火箭绕质心的运动。火箭运动理论分为火箭轨道理论和火箭姿态稳定理论，前者研究火箭质心运动的特性，后者研究火箭绕质心运动的特性。图10－2为火箭的质心运动和火箭绕质心运动的示意图。

(2)谁来控制火箭在预定轨道上的飞行

我们开车从 A 地到 B 地，汽车除了需要发动机提供驱动力外，还需要方向盘控制方向，变速器控制速度，以保证汽车在正确的道路上行驶，到达目的地。在行进过程中，驾驶员用双眼不断测量行进方向（用前进方向与某一参考方向 AI 的夹角 β 表示），用大脑不断将 β 与已知的目标方向角 α（也以 AI 为参考）作比较，如果发现误差 $\varepsilon=\alpha-\beta\neq 0$，则用手脚操作纠正汽车前进方向，使 ε 趋于零，见图10－3。这时可以把人看成是一个控制系统，汽车则为控制对象，人眼是测量元件，手脚则是执行机构。大脑根据测量元件的测量结果进行分析比较，指挥手脚的动作，称为计算装置。

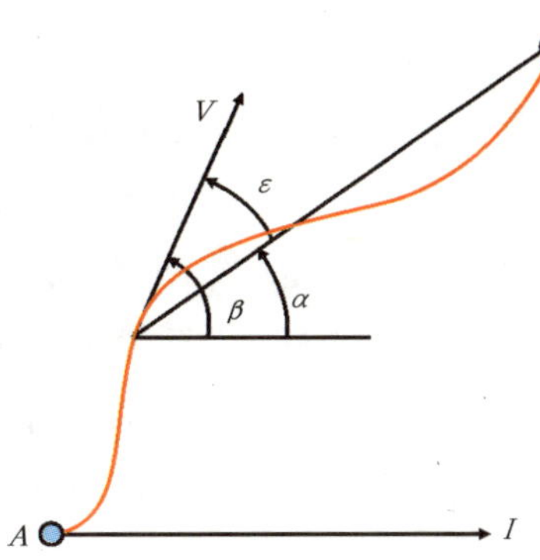

图10－3 物体从 A 地到 B 地示意图

图10－3中，行进方向 β 是系统的输出量，目标方向 α 则是系统的输入量（又称为输入指令、控制信号等）。这种控制系统的特点是将输出量引回来与输入量比较而得到误差，根据误差来控制执行机构的动作。这种控制方法称为负反馈控制，简称反馈控制。这种控制系统称为自动控制系统，图10－4为自动控制系统原理图。

载人火箭的任务是按预定轨道飞行，将载人飞船按要求的指标（一般是时间、速度和位置的函数）送达预定点。火箭在飞行过程中的推力来源于发动机，在飞行过程中也会遇到发动机推力偏离纵轴线和气象等干扰因素的影响，导致火箭的飞行偏离预定轨道。要保证火箭正确飞行，必须给火箭配备一个驾驶员——飞行控制系统。

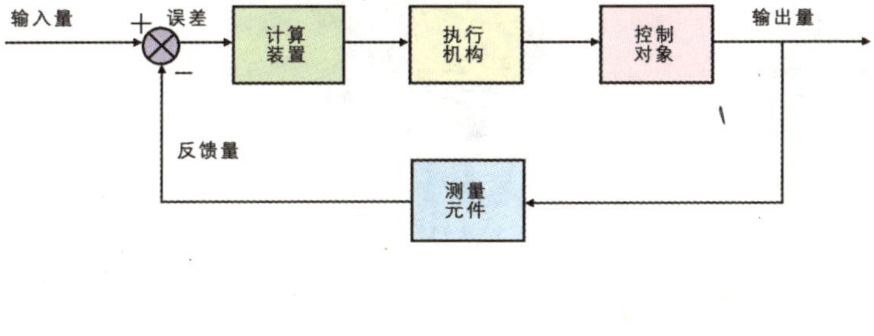

图10－4 自动控制系统原理图

飞行控制系统的根本任务是对火箭在飞行中的运动进行控制：一是控制火箭的飞行轨道，控制火箭的速度和倾角，也就是改变作用在火箭上推力的大小和方向，使火箭沿着预定的轨道飞行，即控制火箭的质心运动；二是对火箭飞行姿态的控制，即控制火箭绕其质心的运动。保证火箭在受到干扰后仍能恢复到原来的预定轨道上飞行，并实施必要的转弯控制，同时按照要求控制火箭各级发动机的点火、关机以及各舱段的分离，包括最后火箭与飞船的分离（简称船箭分离）。

2. 飞行控制系统的组成与任务

（1）飞行控制系统的组成

火箭的飞行控制分系统(简称“飞行控制系统”)是火箭的重要组成部分。为保证火箭的正常飞行，飞行控制系统必须要有与汽车驾驶员的眼睛、大脑和手脚相似的功能，而且要比驾驶员更能干、更精确和更敏捷。为实现这些功能，飞行控制系统有四个组成部分，即四个子系统，分别称为：制导子系统、姿态控制子系统、时序控制子系统和电源配电子系统。图10－5

图10－5 飞行控制系统的组成

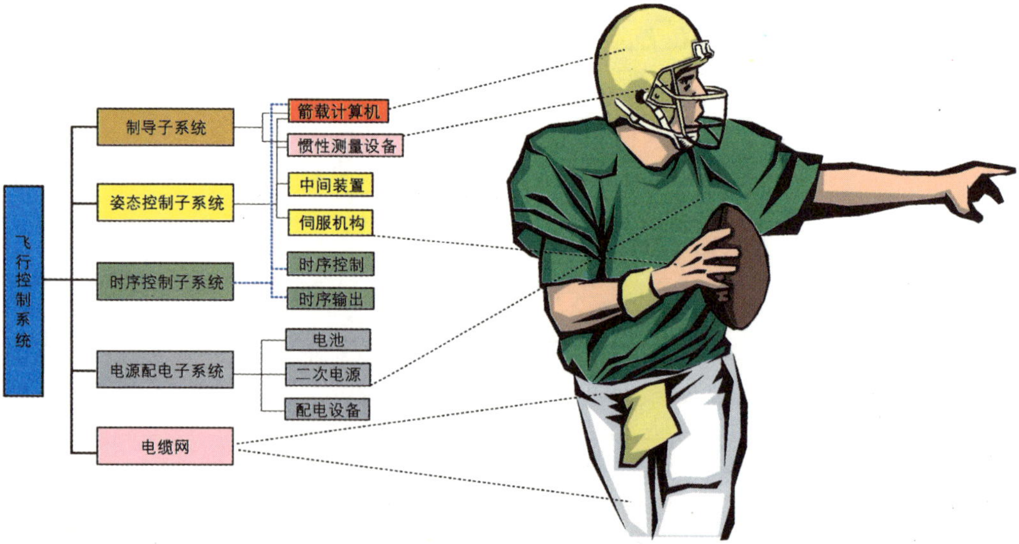

为飞行控制系统组成示意图，从图中可见，惯性测量设备好比人的眼睛，箭载计算机好比人的大脑，伺服机构（可以控制火箭发动机推力方向的机构）好比人的手、脚，电缆网好比神经网络，电源好比人的心脏。

制导子系统一般包括惯性测量设备、箭载计算机；姿态控制子系统一般包括惯性测量设备、箭载计算机、中间装置（如放大器等）、各级伺服机构；时序控制子系统一般包括箭载计算机、时序控制及时序输出设备；电源配电子系统一般包括电池、二次电源及各种配电设备等。图10－6为长征2F载人火箭飞行控制系统工作原理示意图。其中惯性测量设备和箭载计算机是几个子系统共用的。

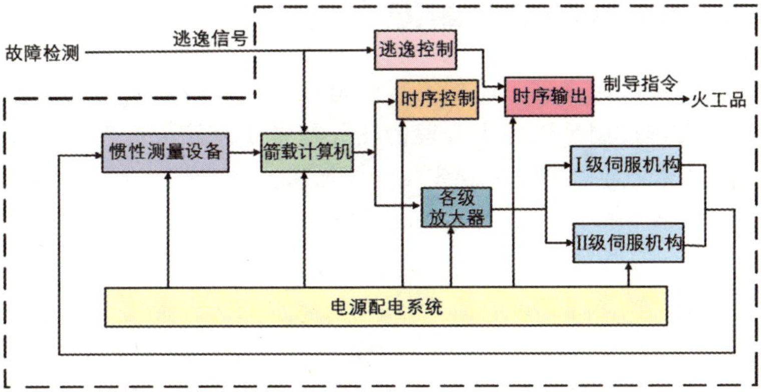

图10－6 长征2F载人火箭飞行控制系统工作原理图

（2）飞行控制系统的任务

火箭点火起飞后，它的飞行速度和位置也在不断改变。我们开车在前往目的地的路途中，要随时清楚自己走到哪了，行驶的速度如何。火箭也如此，在飞行过程中，飞行控制系统要随时确定火箭的飞行速度和位置，指引并调整飞行方向，使火箭将飞船送入预定的轨道。

火箭飞行是靠火箭发动机产生的推力推动的，在飞行过程中会受到多种干扰力和力矩的作用，使火箭出现偏航、俯仰和滚动等姿态的变化，甚至造成火箭翻转，使火箭不能正常飞行。飞行控制系统要时刻测量火箭的飞行姿态，当火箭偏离要求的姿态时给出控制指令，使其产生恰当的控制力矩，将火箭控制回要求的飞行姿态。

为能得到载人飞行需要的大的运载能力，火箭由助推火箭和芯级火箭组成，芯级又分为一级和二级，各级发动机的启动和关闭、各级之间的分离及其他一些部件的分离等，都必须按严格的程序和精确的时间执行。飞行控制系统必须能按正确的程序和精确的时间去控制完成这些任务。

飞行控制系统在工作时需要能源驱动，一般采用电池作为一次电源，并转化为其他所需的各种交、直流二次电源。

3．如何驾驶火箭飞行

火箭从起飞到入轨的飞行轨道称为上升段，又称为发射段。飞行控制系统在上升段的任务就是使火箭从垂直状态起飞，沿着预定轨道不断稳定飞行并加速，直至有效载荷达到预定的位置和速度，发出关机信号和分离信号。

在对火箭进行控制时，常用火箭箭体坐标系（图10－7）为参照。该坐标系以火箭质心 O_1 为原点，O_1x_1 轴是沿火箭纵轴向前，O_1y_1 轴在火箭箭体纵对称面（纵对称面包括Ⅰ、Ⅲ象限线，正常飞行时Ⅰ象限线对地、Ⅲ象限线对天）内垂直 O_1x_1 轴，O_1z_1 轴与其他两轴构成右旋坐标系。$O_1x_1y_1z_1$ 坐标系与火箭箭体固连。火箭在空间的运动包括质心运动和火箭绕质心的运动，这两种运动是互相关联的。当火箭受某种干扰时，绕质心有俯仰、偏航和滚动三个方向的运动，火箭箭体绕 O_1x_1 轴的转动称为滚动运动，绕 O_1y_1 轴的转动称为偏航运动，绕 O_1z_1 轴的转动称为俯仰运动。

图10－7 火箭箭体坐标系

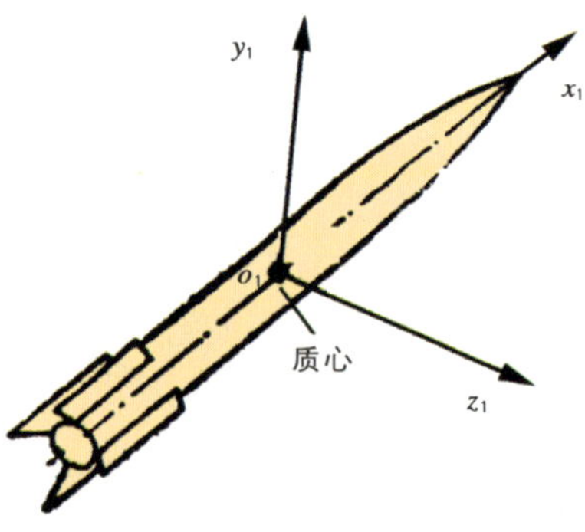

火箭发动机是固定在箭体上的，火箭绕质心的运动使推力的方向也随之改变。在发

动机推力的作用下必然带来火箭质心运动的改变，即火箭轨道的改变。因此，火箭绕质心运动的稳定是控制火箭质心运动的前提。可见，火箭的飞行控制应当包括两个部分：控制火箭质心运动的系统——制导系统，控制火箭绕质心运动的系统——姿态控制系统。

姿态控制系统随时监视火箭飞行的姿态是否正确，如果火箭发生滚动、低头和抬头（即俯仰）、左右偏转（即偏航）等变化，就立即发出控制指令，改变推力方向，纠正火箭在飞行过程中的俯仰、偏航和滚动误差，保证火箭以正确的姿态飞行。

但仅有姿态控制并不能保证火箭准确地沿着预定轨道飞行并达到入轨条件。因为火箭发动机的特性、箭体状态、大气状态、风的干扰、起飞质量的改变等诸多因素，都不可避免地会偏离设计条件，使火箭在飞行中的实际轨迹偏离设计状态，不能准确地达到入轨条件，这就需要制导系统对上述因素实施修正。制导系统测定和计算火箭质心运动并比较其与标准轨道的偏差，发出修正质心运动轨迹的指令并送到姿态控制系统，通过改变推力方向，以消除火箭轨道偏差，并在火箭的飞行速度、位置达到预定值时，发出关闭发动机指令和船箭分离指令。

4. 如何发出火箭飞行程序指令

（1）火箭飞行动作的发令官

我们乘坐地铁时，地铁车辆有刹车靠站、人上车后关门、启动加速等一系列动作。这一系列动作的完成，就是靠地铁驾驶员根据预先设定的路线和沿途的情况来控制的，是一个相对简单的程序控制。

火箭飞行过程中，也有一系列动作要完成。火箭从点火、起飞、发动机关机到船／箭分离的整个飞行过程中，在不同的时点，火箭要做什么，怎么做，按什么顺序做，要靠飞行控制系统的时序控制子系统来不断发出命令，指挥火箭的动作。

在火箭复杂的飞行过程中，飞行控制系统依据什么来发命令呢？这就是预先设定的程序，它是按照严格的时间序列来发送指令的，也就是我们常讲的时序控制。它的作用就是根据制导系统关机指令或助推器、芯级推进剂耗尽的传感器信号或故障检测系统的逃逸关机指令，以及飞行程序的定时要求，按照抛逃逸塔、助推发动机关机及助推器分离、一级发动机关机、二级发动机点火、一二级分离、抛整流罩、二级主发动机关机、二级游动发动机关机、船箭分离等正常飞行时序和紧急情况下的逃逸关机等时序要求，发送各种时序控制指令，控制火箭的飞行。

在起飞前，还根据地面测试发射控制系统发送的点火指令，完成助推发动机及一级发动机点火的各项功能；在火箭未能按时起飞的情况下，根据地面测试发射控制系统发送的紧急关机指令，完成紧急关机功能。

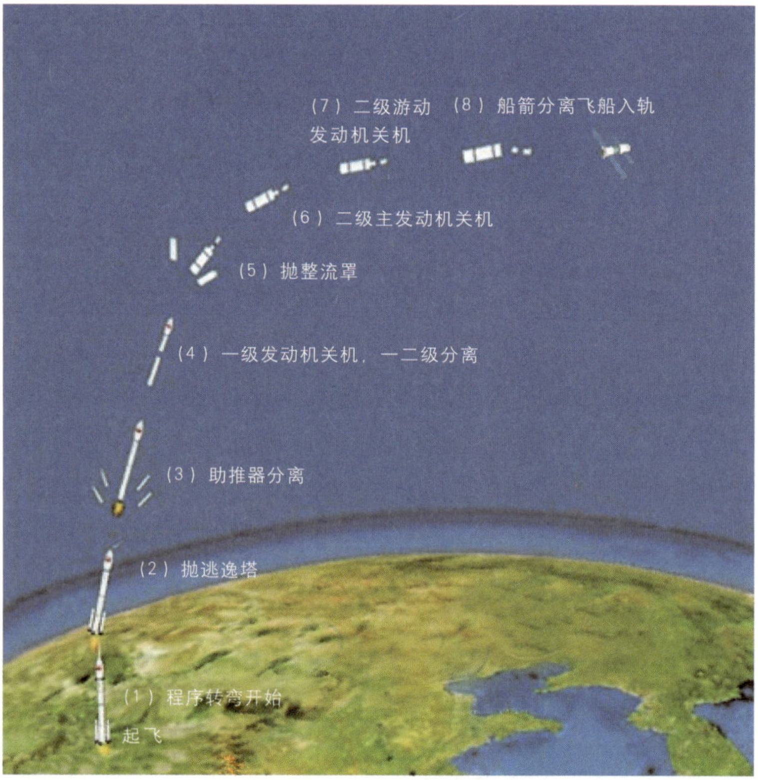

图10–8 长征2F载人火箭的飞行过程

（2）如何指挥载人火箭的飞行程序

载人火箭关系到人的生命安全，要将载人飞船送到预定点，比一般火箭的飞行更复杂。为此，长征2F 载人火箭的时序控制更强调它的高可靠性和高安全性要求。图10－8 为长征2F 载人火箭的飞行过程。

火箭竖立在发射台上，地面的发射控制设备控制助推发动机和一级发动机点火。

发动机点火是分三步进行的。首先打开燃料启动阀门，隔一定时间后打开氧化剂启动阀门，再隔一定时间后启动涡轮泵。时序控制装置分别按规定的间隔时间去给燃料启动阀门、氧化剂启动阀门和涡轮泵启动的电爆管通电，实现发动机点火。

发动机关机是分两步依次进行的。首先是将燃气发生器的进口阀门关闭，使涡轮泵停止运行，称为“预令关机”；隔一定时间再将进入发动机的燃料和氧化剂的阀门关闭，称为“主令关机”。它们也是根据指令，引爆相应电爆管实现关机。

助推器与芯级是用连杆等连在一起的，连杆内有爆炸螺

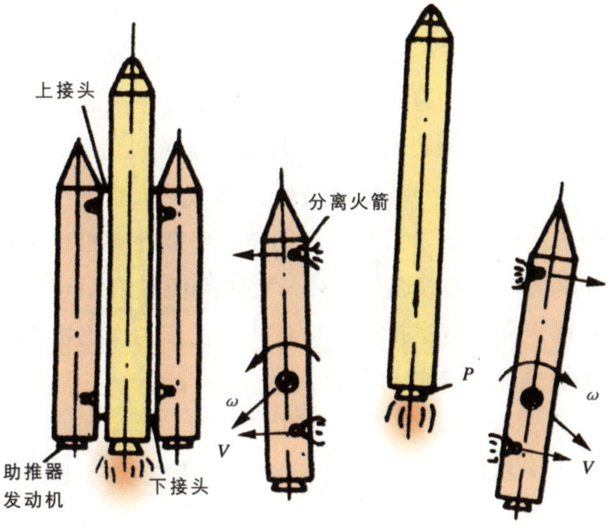

图10－9 助推器分离示意图

栓，同时，每个助推器上还装有4个固体侧推小火箭，将助推器向离开芯级的方向推开，以免与芯级相撞。因此，助推器分离时序包括分离和侧推两个时序，分别引爆爆炸螺栓和侧推（分离）火箭实现助推器分离。图10-9为火箭助推器分离示意图。

载人飞行时，为保证航天员安全，一般装有逃逸塔，用于低空逃逸。飞出大气层后，逃逸塔就失去了作用，所以要将逃逸塔抛掉。抛塔时序包括分离和给分离和控制发动机点火两部分。抛逃逸塔的时序控制，由时序控制子系统中的逃逸抛塔装置完成。逃逸抛塔装置与故障检测处理分系统中的火工品配电器互为冗余设备。在火箭飞行到120秒时，飞行控制系统的计算机先发出“抛塔”指令给逃逸抛塔装置，由逃逸抛塔装置完成抛塔火工品引爆任务；故障检测分系统在120.4秒时也发出“抛塔”指令给火工品配电器，作为飞行控制系统抛塔功能的补充。二者冗余工作是为了增加完成抛塔任务的可靠性。

在火箭飞行到120秒之前，如果火箭发生故障实施逃逸，需要飞行控制系统将发动机关闭和控制逃逸飞行器分离，为此，时序控制子系统设有逃逸关机装置。在火箭飞行发生严重故障、需要执行逃逸程序时，故检系统发出“逃逸”信号，逃逸关机装置接收到逃逸信号后，首先发出一系列副系统关机指令信号，延时1秒后再发出一系列主系统关机信号，再延时3秒后发出逃逸飞行器分离指令信号。逃逸关机装置与飞行控制软件中的时序处理部分相互冗余工作，箭载计算机在接收到故障检测分系统发出的逃逸信号后，延时400毫秒后也发出与逃逸关机装置一样的时序指令，二者冗余工作的作用也是增加逃逸时刻火箭关机动作的可靠性。

火箭的一级发动机关机时间、二级主发动机关机时间、游动发动机关机时间是由制导系统根据火箭实际飞行情况进行计算给出的。当达到一级飞行结束的规定要求时，给出一

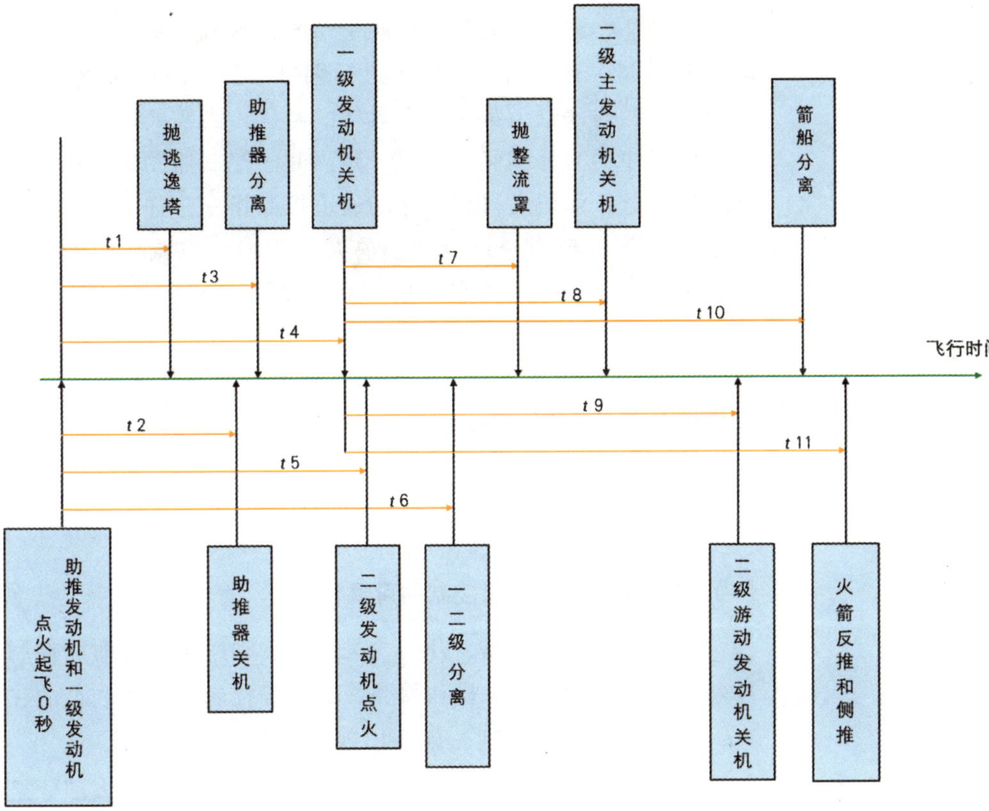

图10－10 长征2F载人火箭飞行控制时序图

级发动机关机指令，当达到二级主发动机飞行段规定的要求后，给出二级主发动机关机指令，当达到飞船的入轨要求时，发出二级游动发动机关机指令。图10－10是长征2F载人火箭飞行控制时序图。

（3）怎样实现火箭的飞行程序控制

载人火箭的飞行过程中有众多的时序指令要去完成，怎样才能实现整个时序的控制呢？从上面的介绍可以知道，实现时序控制需要有三个条件：一是产生时序控制需要的指令和时间；二是对众多的时序控制指令进行分配，正确区分并送往该送的通道；三是对控制指令进行功率放大，以使有足够大的电流去引爆火工品（电爆管、爆炸螺栓、小火箭等）。

长征2F载人火箭时序控制子系统由箭载计算机产生所有时序的时间，并对所有的时序进行编号（称为时序编码），每一个具体的时序通道都定一个具体的号码，在需要发出时刻发出对应时序的时序编码，由另一称为时序控制器的装置接收时序编码，进行译码后得到具体的通道控制指令，并通过时序输出装置对该通道指令进行功率放大，输出大电流，引爆火工品。时序控制子系统原理图见图10-11。

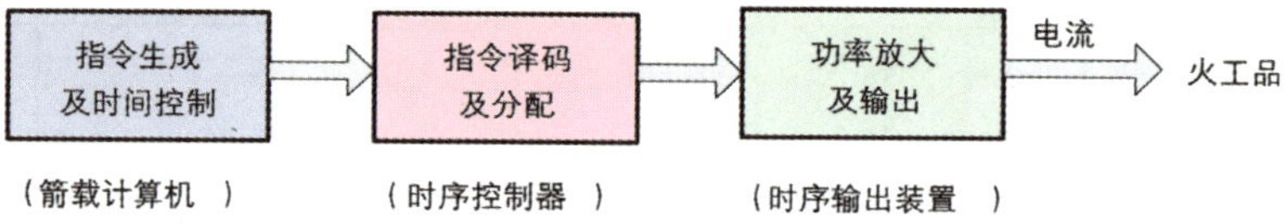

图10-11 时序控制子系统原理图

（4）如何保证飞行程序控制的可靠性

地铁运行时，停靠、开门、关门及启动的动作和时间控制都是靠地铁车辆的计算机和驾驶员来精确控制的，驾驶员的注意力要高度集中，否则，就会出现行驶问题。

从前面介绍的内容可知，火箭时序控制的对象绝大部分是火工品，就是使火药起爆的装置，这就对火工品的可靠性提出了很高的要求。

火工品是一次性使用的危险性产品，能否每一个都正常、可靠地起爆，关系着飞行的成败。由于无法对实际使用的火工品进行真实工作状态的测试，为保证每一个都能正常可靠地起爆，除每种火工品的每个批次都要抽取很多个进行实际起爆试验，验证其参数和可靠性是否满足要求外，还要在系统中用真实的火工品按实际飞行程序进行模拟飞行试验，进行真实地点燃，验证系统提供的引爆电流和火工品是否达到要求，习惯称此为“火工品发火试验”。试验时所有火工品都被封在特制的保护盒中，以防发生危险。

5. 飞行控制的替补员
——冗余设计

(1) 人命关天——载人飞行需要高可靠性和高安全性

保证航天员的生命安全，是载人航天区别于其他航天活动的最大特点。国际载人航天活动的情况表明，在上升段和返回段出现的故障（或事故）相对较多，要求火箭必须有很高的可靠性和安全性，为满足载人航天要求的高可靠性和高安全性，长征2F载人火箭飞行控制系统进行了全系统的可靠性设计，采用了大量的可靠性设计措施，特别是冗余容错设计技术。

(2) 什么是冗余容错设计

汽车为了防止路上发生意外，都有一个备胎，任何一个车胎出现问题，都可以换上备胎。有的自动挡汽车同时也配有手动挡，这些都是冗余设计。冗余设计类似于飞机或长途行驶的汽车，一般都配有两名驾驶员，当主驾驶因疲劳等原因不能驾驶时，由副驾驶顶替；对火箭飞行控制系统而言，当“主驾驶员”出现故障时，就要更换为“副驾驶员”操控。

冗余设计，简而言之就是备份的设计。“冗余容错”设计是指对完成某功能的硬件或软件，通过增加更多的硬件或软件，将之设计成出现故障或错误时仍能有能力完成其承担的功能。冗余设计是提高可靠性的重要手段，由于“冗余容错”设计需要使用更多的硬件或软件，一般是在采用其他提高可靠性手段后仍不能满足要求时采用。

(3) 载人火箭飞行控制系统的可靠性措施——冗余容错设计

飞行控制系统由上万个元器件和许多软件组成，虽然使用了高可靠性元器件和多项其他提高可靠性的措施，但这样复杂的系统仍然存在发生故障的可能性，若无冗余容错设计，发生故障将导致其某个或几个甚至所有功能失效。为确保载人火箭飞行的成功和航天员的安全，飞行控制系统多采用冗余容错设计。如果主系统发生故障不能继续完成飞行控制任务时，设计的冗余或容错部分就会顶替上去，代替主系统继续实施飞行控制，完成飞行控制任务。

实现冗余容错设计需要使用更多的硬件和软件，即要花费更多的代价和使系统更复杂，但可大幅度地提高可靠性。由于火箭是无人操纵及高速飞行，火箭飞行控制的冗余容错设计的突出特点是：完全自主进行，并需要非常迅速地完成故障的检测、隔离和系统重构。

第十一章

引领载人火箭飞天

——制导控制

载人火箭在飞行过程中，应按照预先设计的轨道飞行，并随时修正实际飞行轨道，以便将载人飞船送达预定位置。制导系统的基本任务就是引领火箭飞天，对火箭进行导引和控制。

1. 火箭飞行的自动领航员
——制导系统

（1）制导系统的功能与组成

在驾驶汽车的过程中，司机要全神贯注，根据预先设计的路线掌控方向盘，控制行驶方向。借助仪表盘的数据判断行车速度，根据路况及时处理路上的各种干扰，保证汽车行驶畅通，及时到达目的地。

火箭要完成将飞船送达预定点的任务，在实际飞行过程中，也会遇到各种干扰因素的影响，使实际飞行轨道偏离标准轨道，造成纵向偏差和横向偏差。这就需要一个类似于领航员的系统，要“能观”、“能测”、“能算”、“能指挥”，引领火箭正确飞行。这个系统是火箭控制分系统的核心，通常称为制导系统。

就像汽车里要配置各种仪表盘和操作系统一样，制导系统要完成引领火箭的任务，也要配置相应的设备。

火箭采用的是惯性制导系统。惯性制导系统分捷联式惯性制导系统和平台式惯性制导系统。捷联式惯性制导系统的陀螺和加速度计直接安装在箭体上，平台式惯性制导系统的陀螺和加速度计安装在平台上。平台式惯性制导系统包括惯性测量系统和箭载计算机，如图11－1所示。

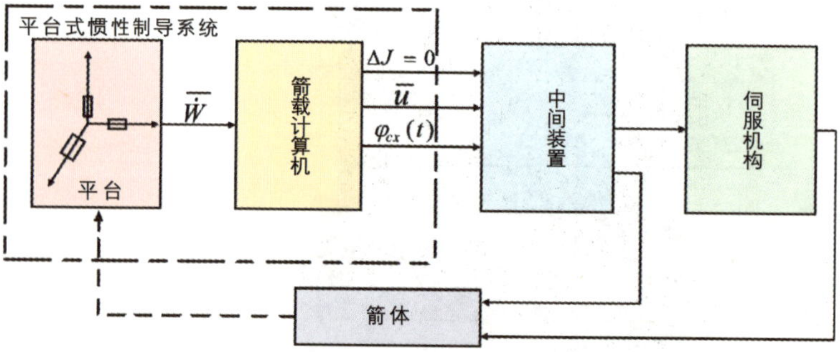

图11－1 平台式惯性制导系统组成示意图

（2）制导系统如何为火箭领航

作为火箭飞行的领航员，制导系统的任务就是在飞行中对火箭质心的运动参数进行实时测量和计算，确定火箭的位置、速度等导航参数，对火箭的质心运动进行控制，使火箭沿设计轨道飞行，把航天器送到预定位置并准确进入轨道。

“能观”就是能确定火箭飞行的方向；“能测”就是能实时测量出火箭飞行加速度的大小和方向，“能算”就是经计算装置进行导航计算，得出火箭的飞行速度和位置；“能指挥”就是将火箭的实际飞行状态参数与预存在存储器内的标准状态作比较，根据比较结果，作出判断，形成控制指令，将指令输送到姿态控制系统，通过改变推力方向控制火箭的运动状态，消除偏差，实现导引控制；并当达到入轨要求时，发出关闭发动机的指令，将飞船送入轨道。

2. 载人火箭的高可靠性领航系统

(1) 载人火箭采用“备份式冗余”方案

载人火箭制导系统的任务是引导火箭将飞船安全、可靠、准确地送入预定轨道。载人火箭的制导系统采用惯性稳定平台与捷联惯组加箭载计算机的“备份式冗余”方案。由惯性平台系统、捷联惯组系统和箭载计算机组成。图 11－2 为长征 2F 载人火箭制导系统原理图。

> **知识链接**
>
> **标准轨道**
>
> 火箭应该按照预先设计的轨道飞行，预先设计的轨道是在标准条件下，也就是根据火箭额定的总体参数和没有外界干扰的条件下设计计算的，这样的设计轨道称为标准轨道。

图 11－2 长征 2F 载人火箭制导系统原理图

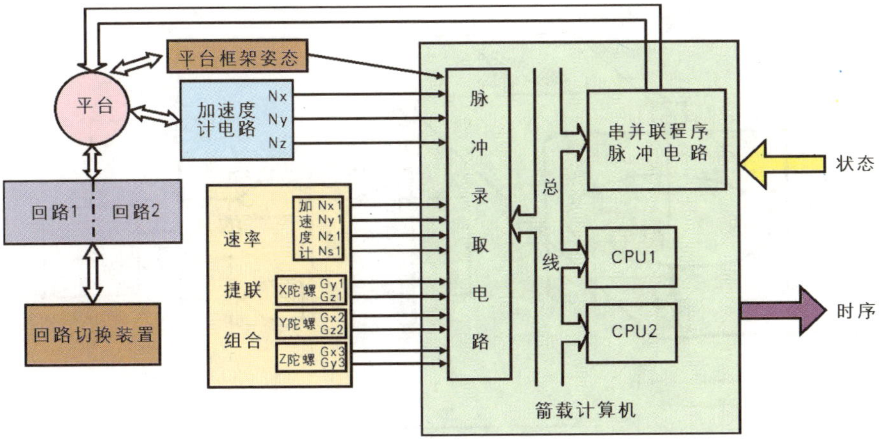

（2）载人火箭采用两套惯性测量装置

在载人火箭的两套惯性测量装置中，以平台测量信号为主、以捷联惯组测量信号为备份进行控制，当平台测量信号不正确时，用捷联惯组测量信号代替。惯性稳定平台为三轴气浮陀螺稳定平台，提供火箭在发射点重力惯性坐标系下的三个视加速度信号和欧拉坐标系下的三个姿态角偏差信号；捷联惯组由三个挠性速率陀螺仪和四个石英加速度计组成，提供火箭沿箭体坐标系的三个视加速度信号和三个转动角速度信号，同时一个斜置加速度计还提供沿箭体坐标系空间等对称方向上的视加速度信号。

（3）惯性平台采用双稳定回路

平台稳定回路的功能是将平台台体稳定在惯性空间，成为惯性基准。为了提高可靠性，长征 2 F 载人火箭惯性平台采用双稳定回路并联冗余，由平台切换装置进行判断和切换。平台台体通过 *X*、*Y*、*Z* 三个框架轴具有 3 个转动自由度，而 *X*、*Y*、*Z* 三个轴的稳定回路确保了平台台体稳定在惯性空间。以台体轴（*Y*）为例，双冗余稳定回路系统由一个陀螺（敏感元件）、两个相同的前置放大器、两个相同的回路放大器、两个力矩电机（执行元件）及对应框架组件轴和判别处理故障的切换装置组成（图 11−3）。在正常工作状态下，A、B 双路同时工作，把

图11—3 台体轴稳定回路示意图

1—陀螺；
2—P11—2F 前置放大器；
3—8K42—2F 平台稳定回路放大器；
4—力矩电机；
5—平台台体；
6—切换装置，KJ1、KJ2 是切换装置内继电器1、2的常闭接点状态

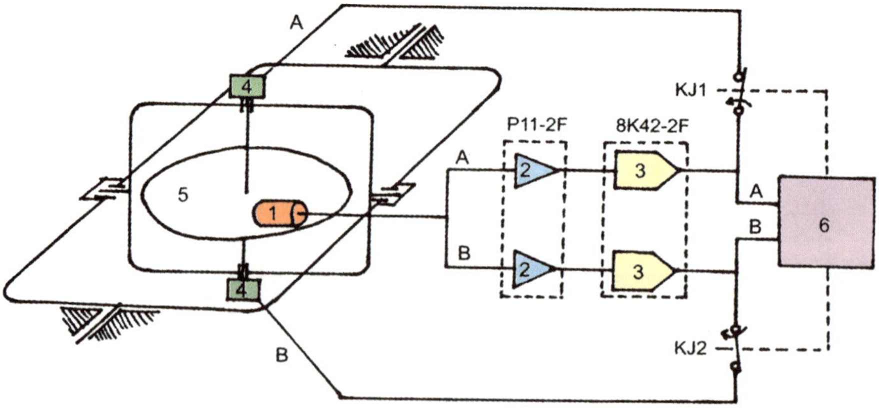

平台稳定在惯性空间，当其中某一支路放大器或力矩电机出现故障时，由切换装置自动判别故障，自动处理，切除故障支路。切除故障支路后，稳定回路将由正常的一条支路独立工作，平台仍能稳定在惯性空间，保持惯性基准不变。

（4）箭载计算机采用双CPU结构

为了满足高可靠性和高安全性要求，箭载计算机采用双CPU体系结构，热备份工作方式，由软件实现故障诊断和故障切换。该系统由两个中央处理单元（CPU）及共享的若干冗余I／O接口组成，所有输入和输出信号都分别分配在不同模块中。双CPU基本工作模式见图11－4。

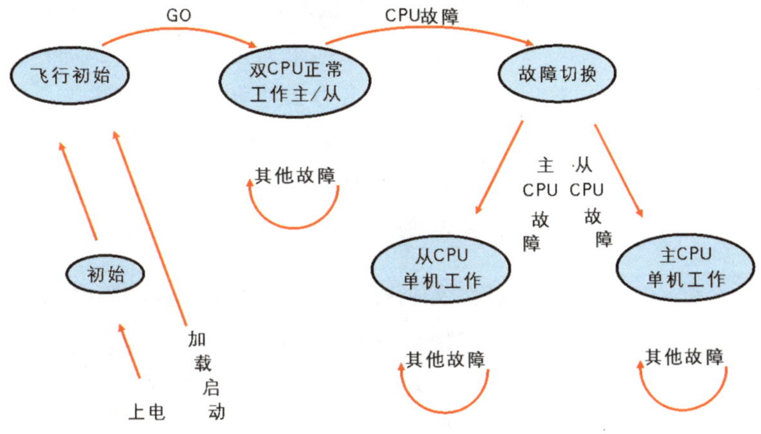

图11－4 双CPU基本工作模式

计算机上电并初始化后，使双CPU处于主从工作模式，正常情况下，主CPU直接采集数据并执行输出指令，从CPU跟随主CPU进行同步工作，但不执行输出指令。CPU同时还进行自检测，一旦检测到故障或者不同步，则会自动进入故障处理模式，进行主动或被动切换。若主CPU故障，则禁止主CPU控制总线，由从CPU单机工作，并执行主CPU的一切工作；若从CPU故障，则主CPU单机工作，禁止从CPU工作。

3．载人火箭的感知器官
——惯性测量系统

（1）如何感知火箭的运动状态

制导系统是火箭的领航员，惯性测量系统相当于飞行控制系统的眼睛。

从牛顿第二定律可知，物体的加速度 a 与所受外力的合力 F 的大小成正比，与物体的质量成反比。它们的关系可表达为

$$a=F/m$$

火箭在发动机推力的作用下会作加速运动。如果能测出火箭飞行时的瞬时加速度，对这一加速度进行一次积分，就可得出火箭的飞行速度，对加速度进行二次积分就可得出火箭的飞行距离。在火箭上三个相互垂直的 X、Y、Z 轴上各装上一个加速度计，分别测量 X、Y、Z 三个方向的视加速度，(所谓视加速度是不包括重力加速度在内的加速度)，对测得的三个视加速度加上重力加速度就可以算出三个速度和三个位置坐标。测量火箭的视加速度的仪表叫加速度计。它是利用惯性原理进行工作的。加速度计与陀螺、平台等惯性装置相配合，实现对火箭的制导控制，这就是惯性制导。

（2）如何提供飞行中稳定测量的基准面

惯性制导按照惯性器件安装方式的不同，可分为捷联式惯性制导和平台式惯性制导。捷联式惯性制导将加速度计和陀螺仪直接固连在箭体上，加速度计敏感轴由它在箭体上的安装方向确定。在惯性空间，加速度计敏感加速度的方向取决于火箭在空间运动的姿态。火箭在空间运动的姿态由固定于弹体上的陀螺仪测量。

火箭在飞行过程中的姿态是在不断变化的，加速度计直接固连在箭体上，则加速度计敏感轴的方向也随之变化，这样测出的就不再是原定方向上的加速度了。为了解决这个问题，平台的惯性系统是将加速度计安装在一个陀螺稳定平台上，平台提供了一个在空间稳定不变的加速度测量基准，利用陀螺仪实时测得的火箭姿态，通过转换计算得

图11−5 平台惯性制导原理图

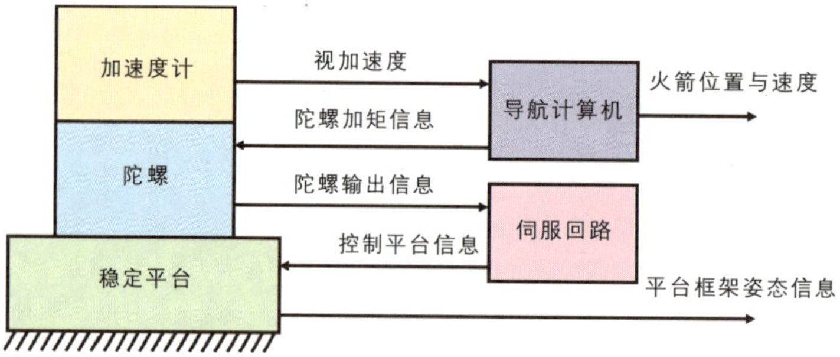

到基准方向的加速度值，这个稳定平台即通常说的数学稳定平台。

稳定平台就是用高精度陀螺在火箭内部建立一个参考基准——惯性基准，并由稳定平台的各轴给出箭体相对惯性参照系三个轴的姿态信息$\Delta\phi$、Ψ、γ（俯仰角、偏航角、滚动角）。而加速度计具有感知载体惯性力的特性，可以测量火箭的视加速度$\bar{w}$，所以平台可以实现“能观”、“能测”两大功能。平台惯性制导原理如图11－5所示。

陀螺稳定惯性平台（以下简称平台）主要由三只陀螺仪、三只加速度计、三个框架回路组成，三只陀螺仪和三个框架回路构成一个在惯性空间保持不变的坐标系（称参照系）$OXYZ$，也就是建立了一个三维的惯性基准。图11－6为长征2F载人火箭陀螺稳定惯性平台示意图。

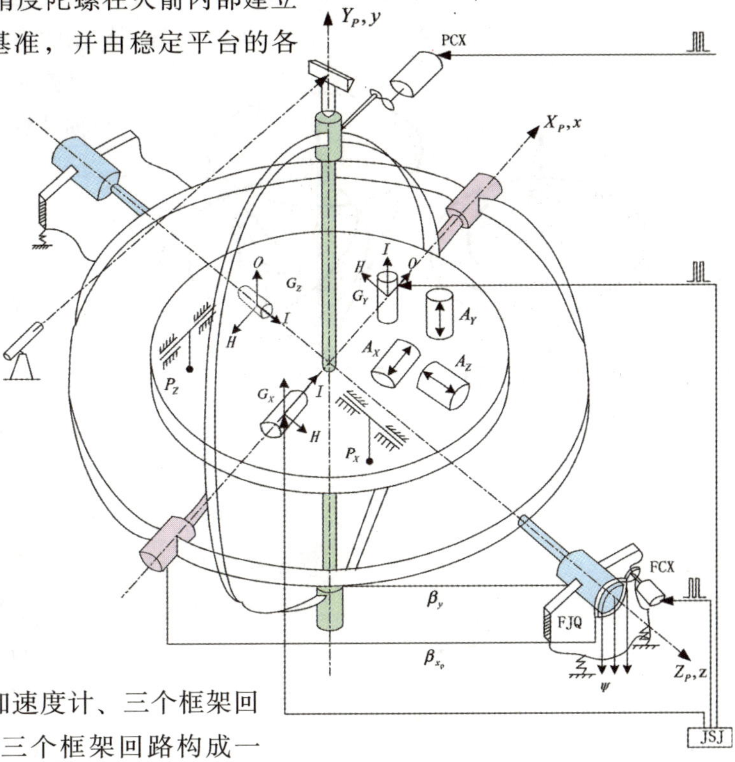

图11－6 长征2F载人火箭陀螺稳定惯性平台示意图

X_P，Y_P，Z_P—平台坐标系轴；
x，y，z—发射点重力惯性坐标系轴；
A_X，A_Y，A_Z—X_P，Y_P，Z_P三个轴向的加速度计；
G_X，G_Y，G_Z—敏感x_P，y_P，z_P三个轴转角的陀螺仪；
I，H，O—陀螺的输入轴（敏感轴）、转子轴和输出轴；
FCX，PCX—俯仰和偏航的程序机构；
FJQ—分解器；
JSJ—箭载计算机

（3）如何感知火箭的飞行姿态

惯性制导系统中最核心的部件就是陀螺仪。可以说，陀螺仪是惯性制导系统的心脏。

陀螺仪的两个最基本的特性就是它的定轴性和进动性。凡是绕自身对称轴高速旋转的物体都可以称为陀螺，陀螺具有特殊的转动规律。图11－7是一个玩具陀螺。如何让它在光滑的桌面上直立起来呢？其实，只要使它绕垂直轴（重力方向）快速旋转就行了。这时如果桌面倾斜，就会发现陀螺转轴方向仍保持不变，如图11－7（a）所示，这就是陀螺的定轴性。如果转轴的初始方向不是严格垂直，而是偏离重力方向一个角度，我们又发现陀螺转轴会在一个以重力方向为轴线的圆锥面上运动，见图11－7（b），而不是像不转动的刚体那样在重力作用下倒下，这就是陀螺的进动性。陀螺的定轴性和进动性统称为陀螺效应。

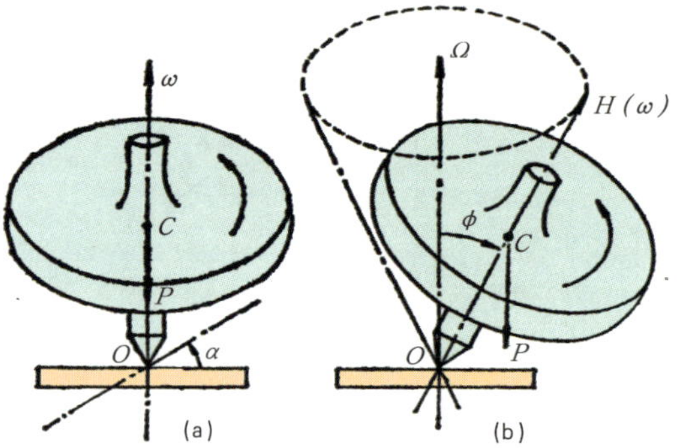

图11－7 玩具陀螺的运动

利用陀螺的定轴性和进动性，用不同的结构，配以不同的电路，就会得到不同功能的陀螺仪，如速率陀螺仪（用作测量角速度）、积分陀螺仪（用作测量角度）、陀螺加速度计（用作测量加速度）等。

高速旋转的陀螺轴承安装在框架环上时，由于自转轴具有定轴性，因而使自转轴与基座的运动无关，即基座运动而自转轴不动。这样基座与自转轴之间（通过框架轴的转动）在一个方向上构成一个自由度，这种装置称为单自由度陀螺仪，见图11－8（a）。如果在框架环外面再套一层框架环（前者称为内环，后者称为外环），且轴互相垂直，则构成一个二自由度的陀螺仪，见图11－8（b）。

图11－8 单自由度陀螺仪和双自由度陀螺仪

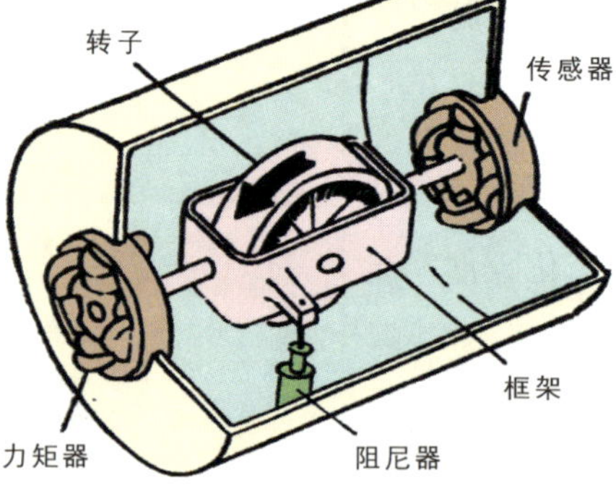

（a）单自由度陀螺仪

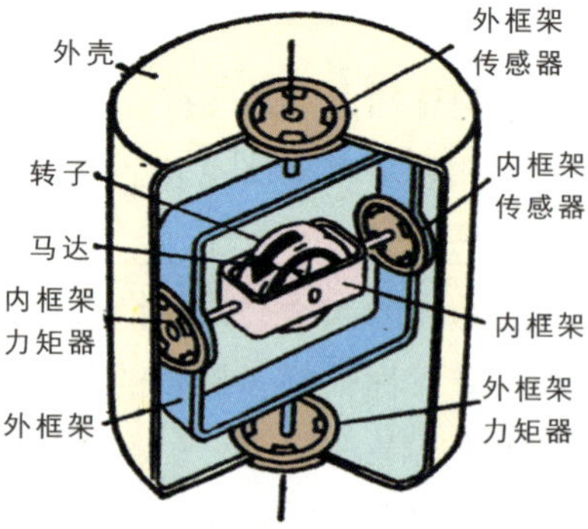

（b）双自由度陀螺仪

对单自由度陀螺，当基座因某种干扰随箭体出现偏离预定姿态，产生俯仰、偏航或滚转的某一方向的运动时，因该方向陀螺自转轴保持方向不变，将使机座相对于框架环旋转一定的角度。如果用传感器把这个角度换成电信号，通过箭上该方向的伺服电子线路，驱动摇摆发动机或游动发动机（即执行机构）摆动，产生一个力矩，使箭体恢复到受干扰前的状态，这就保持了飞行中火箭姿态在该方向的稳定。

（4）如何感知火箭的加速度

当汽车启动时，我们会觉得有力把自己拉向后方；刹车时，则会觉得有力把自己推向前方。这个力就是惯性力。乘客就相当于一个加速度计，如果能精确测得这个惯性力，就等于间接测得了汽车的加速度。

加速度计是用来测量火箭飞行的视加速度的。当火箭飞行时产生视加速度，通过传感器输出与火箭视加速度成正比的电压信号，测出的输出电压值就可以换算成火箭的视加速度，视加速度加上重力加速度就得出火箭的加速度。

4. 载人火箭的大脑
——箭载计算机

制导系统的一个重要组成部分就是箭载计算机。它就像汽车司机的大脑一样，司机从仪表盘上读到数据后，在大脑中要进行分析计算，然后，作出驾驶操作的决定，当然，这只是一种根据经验的简单计算。箭载计算机的功能很明显就像人的“大脑”一样“能记忆”、“能思考”、“能判断”、“能指挥”。它根据陀螺、加速度计测得的加速度、姿态和姿态变化数据连续计算出火箭的速度和位置（实时解算导航方程），同时不断地与发射前储存在箭载计算机里的标准弹道参数进行比较，解算出飞行程序角，按预存的制导律（关机方程、导引方程）计算出各级发动机的关机指令和导引指令等。计算机把算得的各项指令分别送到各个接口，如关机指令送至关机装置，导引指令送至姿控装置，程序角送至程序机构等。在箭载计算机这个火箭“大脑”的分析下，火箭载着飞船沿着它应走的路线稳定地向着目标飞去。

5. 载人火箭运送飞船的导航图——制导律

制导律即实现制导任务的控制函数，一般由关机方程和导引方程组成。

制导任务是根据飞船终端指标要求，控制火箭沿着所要求的飞行轨道飞行，寻找合适时间关闭发动机，保证飞船准确入轨。前者由导引控制实现，后者由关机控制实现。

（1）寻找正确的行驶路线——导引控制

导引控制就是如何驾驶火箭沿设计轨道飞行的控制问题。导引指令生成过程是这样的，先根据惯性制导系统提供的火箭运动参数 $V_x(t)$、$V_y(t)$、$V_z(t)$、$x(t)$、$y(t)$、$z(t)$，按预先储存在箭载计算机内的导引律计算模型（导引方程）进行实时运算。将计算结果形成指令（导引指令）送到姿控系统，经姿控系统综合形成姿态控制指令，控制火箭的飞行姿态，通过飞行姿态变化改变推力矢量方向，从而达到控制火箭质心运动轨迹（即飞行轨道）的目的。

（2）确定何时该关闭发动机——关机控制

司机在驾驶汽车过程中，不断观察路面情况，通过大脑判断，作出收油门、踩刹车的决定。火箭在飞行过程中根据什么来决定何时关闭发动机呢？为此，火箭设计师专门设计了一个即定的关机方案——关机控制条件。关机控制过程是先根据惯性制导系统提供的火箭运动参数（状态参数）$V_x(t)$、$V_y(t)$、$V_z(t)$、$x(t)$、$y(t)$、$z(t)$，按预先储存在箭载计算机内的制导律计算模型进行实时运算，当计算结果满足关机条件时，立即发出关机指令。长征2F 载人火箭惯性制导系统发出的关机指令有：一级芯级发动机关机指令；二级主发动机关机指令和二级游动发动机关机指令。

(3) 导引控制、关机控制的判断依据——制导诸元

司机在驾驶汽车的过程中，要依据大脑中装有的根据丰富经验积累的各种数据进行驾驶。火箭的大脑在进行计算判断时也不能凭空想象，火箭设计师在火箭发射准备环节引入了“诸元准备”这一名词。发射诸元中主要成分是制导诸元，制导诸元也即制导参数，发射前装定在箭载计算机的存储器中。制导时，必须利用存储在计算机中的指标，依据这些指标，作出科学的判断。

制导参数主要包含飞行程序角关机方程系数、关机量、导引方程系数、导引放大系数、导引变系数以及起导函数等。

6. 影响火箭将飞船送达目的地的因素

(1) 如何评价载人火箭送达飞船的入轨精度

汽车司机运送乘客前往目的地，由于各种原因（不认路，天气原因，不了解路口转弯的限制等），有时不能一次顺利到达，不得不绕行。乘客难免对司机的服务不满意，这也就成为评价司机服务水平的一个指标。

同样，对火箭而言，评定火箭性能的一个重要指标就是制导精度，通常用卫星、飞船入轨点的轨道根数偏差来度量。

载人火箭的任务就是将飞船送入预定轨道。典型神舟号飞船入轨后的停泊轨道为近地点高度200千米、远地点高度349.73千米的椭圆轨道，轨道倾角42.58°，周期约90分钟。如下偏差是飞船入轨偏差，即正常情况下的最大偏差：

1）半长轴偏差±6.9千米，轨道倾角偏差±0.15°；

2）近地点高度偏差±6.0千米，近地点幅角偏差±4.52°；

3）升交点经度偏差±0.5°。

根据长征2F载人火箭发动机秒流量偏差、起飞质量偏差、

推力线偏移、质心横移和风等干扰参数，制导系统进行了数学仿真计算，得到了定义下的制导方法误差和制导工具误差，最后合成为2.7 σ(σ为均方差)定义下的均方根制导误差，如表11−1所示。

表11−1　制导误差

入轨根数偏差项目		Δa/千米	Δh_p/千米	$\Delta\omega$/(°)	$\Delta\Omega$/(°)	Δi/(°)
指标要求		±6.9	±6.0	±4.3	±0.5	±0.15
设计结果	方法误差	—	2.30	0.44	0.23	0.01
	工具误差	3.70	1.88	4.2	0.12	0.03
	均方根误差	4.0	3.0	4.25	0.26	0.03

（2）造成火箭制导误差的干扰因素

通常，用制导误差来表示制导精度的大小。制导误差通常分制导方法误差和制导工具误差。

制导方法误差是由于制导律设计上的不完善性，其在各种干扰作用下将造成的终端指标偏差。通常造成方法误差的主要干扰种类有：发动机推进剂流量偏差、发动机推力线法向偏斜、发动机推力线横向偏斜、火箭起飞质量偏差、火箭质心横移、风干扰等。

制导系统的作用虽然在很大程度上减小了外部干扰作用引起的终端指标误差，但又不可避免地引入了新的误差源（如敏感测量装置等仪表带来的误差），这些误差源造成的终端指标误差通常称为工具误差。制导工具误差是由于制导仪表制造工艺、装配工艺、安装工艺等方面的不完善，使其在飞行中的力学环境、温度环境等作用下，造成的终端指标偏差。长征2F载人火箭制导系统采用惯性平台——计算机制导方案，其工具误差的计算模型包括：陀螺漂移误差模型、平台静态误差模型、平台动态误差模型、加速度计误差模型。

第十二章

把握载人火箭飞天

——姿态控制

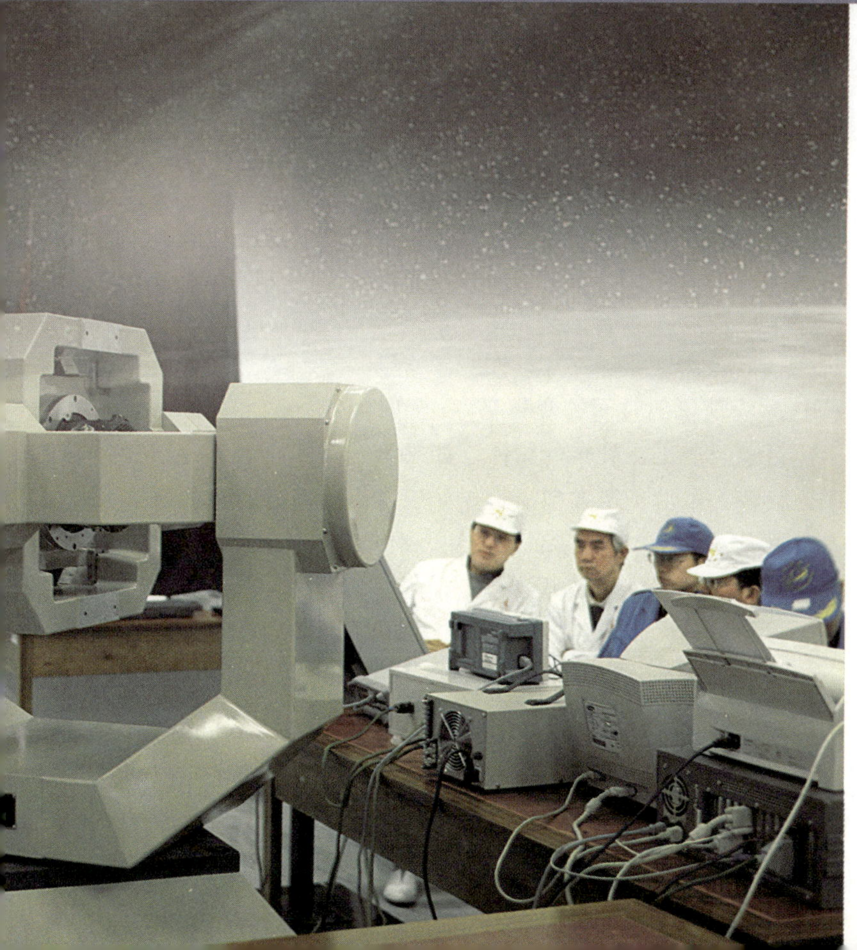

一个不倒翁，任意方向干扰它，它都能回到原来的状态。当人为地将它移到另一个位置时，它又能稳定在新的位置。

火箭在飞行过程中同样会受到各种因素的干扰，在这些干扰力的作用下，姿态就会发生变化，姿态控制系统的功能就是使火箭像不倒翁一样稳定，随时纠正火箭在飞行中的俯仰、偏航和滚动偏差，保证火箭的稳定飞行，并根据制导指令指挥火箭运送飞船飞向预定轨道。

1. 火箭姿态稳定的理论基础

(1) 为什么物体能旋转起来

图12—1 跳舞的人

根据牛顿运动定律，一个旋转的物体必须具有角动量。角动量是质量分布和角速度的函数。

跳舞的人两手相交在胸前高速旋转，当她要降低速度停下来时，常常是张开双臂(图12—1)。可见质量分布远离了质心，旋转速度比质量分布靠近质心的物体要慢些，可以用转动惯量 I 来描述物体的质量分布。知道了物体的转动惯量 I 和角速度 Ω，就可以得到它的角动量 H，即

$$H=I\Omega$$

(2) 旋转物体的状态如何改变

要改变一个物体的动量 p，必须给它施加一个外力 F，表达式为

$$F=\frac{\mathrm{d}p}{\mathrm{d}t}=\dot{p}$$

式中 $\dot{p}$ 为动量随时间的变化率，t 为时间。

对于一个正在旋转的物体，如果给它施加一个外力，它会保持旋转，但沿一定方向滑行。如果只想改变它的转动速率或方向而不移动它，就必须使用力矩。对一个物体施加力矩 T，将改变其角动量 H，表达式为

$$T=\frac{\mathrm{d}H}{\mathrm{d}t}=\dot{H}$$

式中 $\dot{H}$ 为角动量随时间的变化率。

可见，想改变一个旋转物体的姿态，就要给它施加一个力矩。

2. 如何使火箭成为不倒翁

(1) 谁来保证火箭姿态的稳定

当火箭在飞行过程中遇到外干扰因素的影响，即受到环境因素引起的扰动力矩时，随着时间推移，其姿态就会发生改变，火箭就不能按照预定轨道飞行。要火箭保持它的设计姿态，应对其施加一个力矩，因此而产生角加速度，带来角速度并因此产生角度的变化，从而使其保持预定姿态。姿态控制系统可以纠正火箭在飞行过程中俯仰、偏航和滚动姿态角的误差。

姿态控制系统要保证火箭像不倒翁一样，任意方向干扰它，都能回到原来姿态；把它调整到另一个姿态时，又能稳定在新的指定姿态。姿态控制系统使火箭的姿态始终稳定在允许的范围内，确保火箭在预定的轨道上稳定飞行。火箭飞行过程中，在各种内外干扰作用下，不仅不能摇摇晃晃，而且要保证火箭的姿态角偏差、姿态角速度、发动机（舵）摆角等参数在允许范围内。同时，按制导系统控制指令准确改变飞行姿态，从而改变发动机推力矢量方向，使火箭沿预定轨道飞行。

载人火箭首先要保证稳定飞行，安全地将航天员送入太空，因此，姿态控制系统部件均采用了冗余设计，即使飞行中某一部件出现故障，仍能保证火箭稳定飞行；同时，姿态控制

图12－2 姿态控制系统原理图

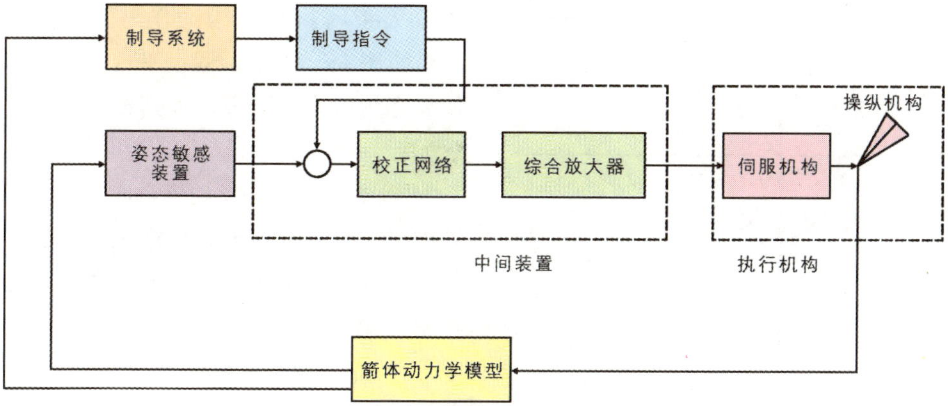

系统还要尽量消除火箭飞行过程中的各种抖动，为航天员提供一个舒适的乘坐环境。火箭的姿态控制系统由姿态敏感装置、中间装置和执行机构组成，这些部件均采用了冗余设计。图12－2为姿态控制系统原理图。

(2) 如何控制火箭姿态

火箭绕质心的运动一般可分解为俯仰、偏航和滚动运动。火箭的纵轴 X_1 定义为滚动轴，偏航轴 Y_1 在射面（XY 平面）内，且垂直于滚动轴，俯仰轴 Z_1 与 X_1 轴、Y_1 轴构成右手直角坐标系，如图12－3所示。姿态控制系统的关键作用是要对火箭飞行过程中三个姿态角进行控制。

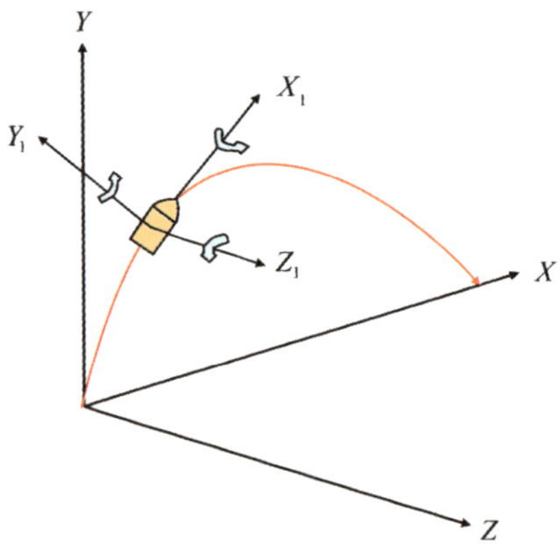

图12－3 火箭坐标系示意图

载人火箭姿态控制系统分俯仰、偏航、滚动三个通道进行控制，各通道的组成基本相同。平台或捷联惯性测量组合、速率陀螺为姿态敏感装置，测量火箭姿态角、姿态角速度，经中间装置即校正网络整形，将姿态角、姿态角速度信号按频率特性进行放大或衰减，综合放大后，再经过伺服机构液压放大带动执行机构动作——摆动发动机。图12－4中，假设平台敏感的俯仰姿态角偏差大于零，火箭抬头，经过放大后，摆动发动机1、2逆时针摆动，3、4顺时针摆动。发动机合成力除产生轴向（向前）推力外，还产生垂直于火箭轴（向上）的分力，该力对质心产生控制力矩，使火箭低头，消除姿态角偏差，形成闭环负反馈系统。

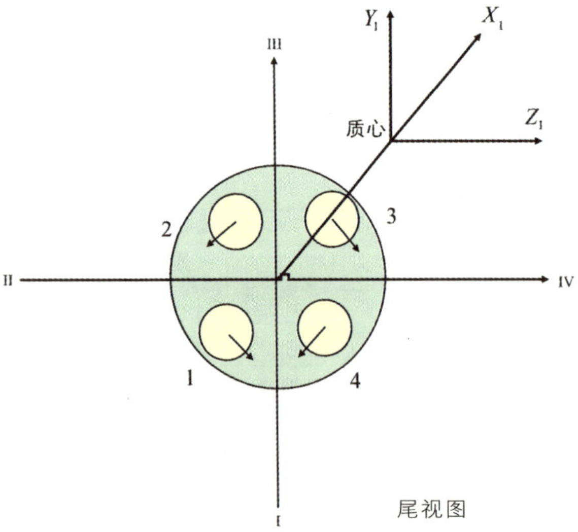

图12－4 消除正俯仰角偏差时发动机摆向示意图

3．如何控制火箭姿态

（1）如何对火箭姿态进行测量

司机用什么判断汽车姿态呢？当然是用眼睛。对于火箭飞行来说，陀螺可以起到眼睛的作用。

高速旋转的陀螺具有定轴性和进动性，可以作为火箭飞行姿态控制系统的姿态敏感装置。用一个垂直陀螺（双自由度）来测量火箭的偏航角和滚动角，用一个水平陀螺（双自由度）测量火箭的俯仰角，这两个陀螺合起来称作位置陀螺，可以确定火箭在飞行中的空间位置。除位置陀螺外，火箭还装有速率陀螺（单自由度），用来测量火箭角速度的变化。一般火箭安装三个速率陀螺，由于载人火箭具有高可靠性要求，长征2F载人火箭安装了六个速率陀螺，分别测量火箭的俯仰角速度、偏航角速度和滚动角速度。位置陀螺和速率陀螺共同工作，一旦出现姿态偏差，就能输出与之成比例的电压信号给中间装置，通过执行机构形成相应的控制指令，使火箭姿态重新恢复正常，保证火箭飞行运动的稳定性。位置陀螺和速率陀螺统称为火箭的姿态敏感装置。图12－5为陀螺的工作原理示意图。

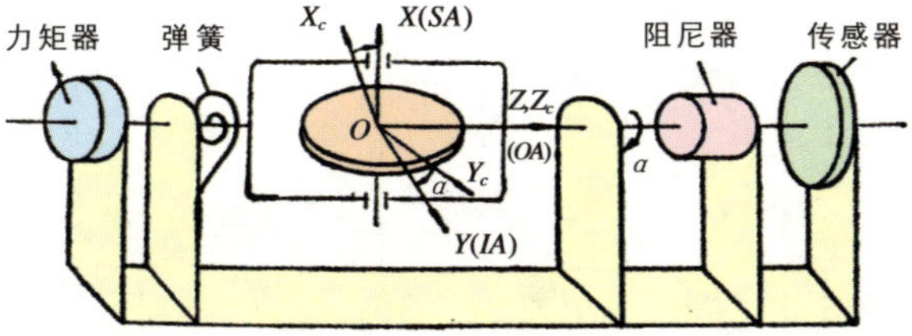

图12—5 陀螺工作原理示意图

（2）如何转换陀螺获得的测量信号

火箭通过陀螺敏感得到的火箭姿态的测量信号是不能直接用于发指令的，还要通过中间装置变换放大成可用的信号。中间装置也就是对来自测量装置的信号进行运算、变换、综合、放大，以获得驱动执行机构所必需的指令电流，来控制火箭的姿态变化。中间装置采用双CPU 冗余箭载计算机，它对测得的信号进行加工和变换。放大部分一般采用电子放大器，对电压、电流或它们的组合按时间和频率进行放大。综合部分一般采用磁放大器或变换器，把作用于同一对操纵元件的信号进行相加或相减，形成火箭的综合控制指令。

(3) 如何执行姿态控制指令

执行机构是控制系统实现控制指令的装置，由伺服机构和操纵机构组成。

伺服机构是将控制指令转换为具有一定功率并推动操纵机构线位移或操纵机构角位移的能量置换装置。伺服机构有液压式、电动式、气动式三大类。由于液压伺服机构具有功率大、响应快等特点，被广泛应用于大型火箭上。

长征2F 载人火箭的操纵机构采用摆动发动机。摆动发动机安装在火箭纵轴方向的可转动支架上，由伺服机构带动，按照需要的控制方向转动发动机，使发动机的推力在垂直火箭箭体方向产生分力，控制火箭绕质心转动，完成火箭的姿态控制。摆动发动机控制的最大优点是无推力损失，并可以提供较大的控制力。由于推动转动惯量很大的整个发动机需要大功率的伺服机构，因此，长征2F 载人火箭采用了液压伺服机构。

图12-6 三余度伺服机构控制原理图

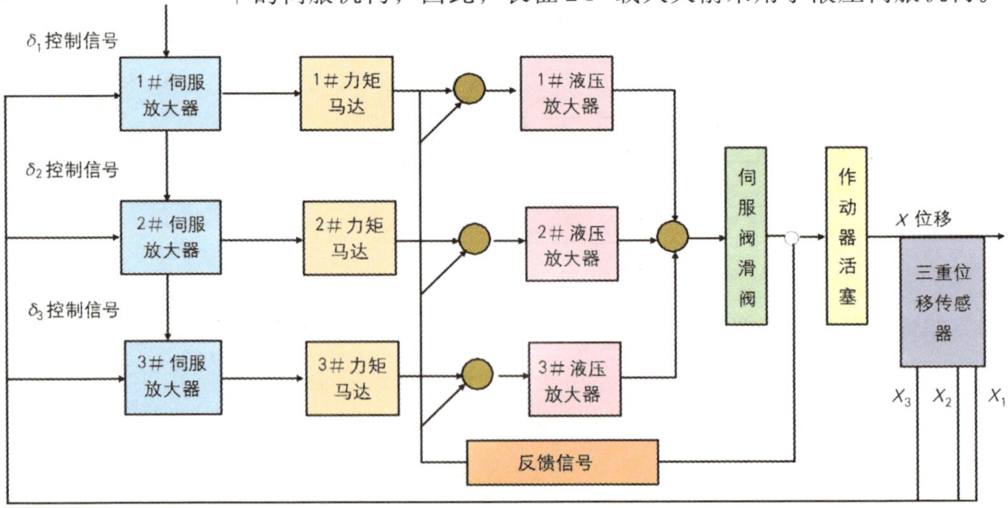

火箭伺服机构一般由伺服阀、作动器、反馈电位器和能源等组成，为流体、机械、电磁、电子一体化产品。长征2F载人火箭为提高可靠性，采用了三余度伺服机构，图12－6为三余度伺服机构控制原理图。从图中可见，控制信号有三路，当某一路发生故障时，另外两路继续工作，仍能满足飞行要求，确保航天员的安全。

（4）如何保证载人火箭姿态控制系统的高可靠性

首先是姿态控制系统各装置（包括硬件和软件）在无故障情况下有足够的稳定裕度和抗干扰能力。因此，姿控系统在设计时，必须考虑火箭飞行时气动参数偏差、火箭结构偏差和控制系统参数偏差，按最恶劣的组合（额定、上限、下限）做设计，并且将各种干扰的最不利情况加入控制系统后，姿态控制系统也要能保证火箭稳定飞行。对某些不能冗余的装置，在一定故障情况下，姿态控制系统设计时也要有一定的适应能力。

另外，为了大幅度提高控制系统的可靠性，载人火箭姿态控制系统在多处采取了冗余容错措施，确保即使某个单机发生故障，火箭仍然能够稳定飞行（如采用了双速率陀螺冗余、平台－捷联系统冗余、箭载计算机A/D三冗余、箭载计算机双CPU冗余、箭载计算机D/A三冗余、功率放大器与伺服机构前置伺服阀三冗余、惯性平台双稳定回路并联冗余、伺服机构反馈电位计三重复冗余）。伺服回路冗余原理见图12－7，当其中某一路发生故障时，其他两路仍能正常工作。

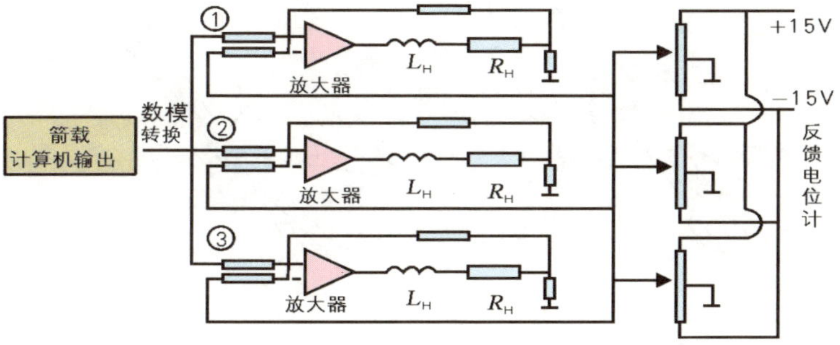

图12—7 伺服回路冗余原理示意图

4. 如何应对火箭自身的不稳定因素

火箭是多种运动的复合体，诸如刚体、弹性弯曲（扭转）振动、推进剂晃动运动等，这些运动的不稳定因素对火箭的稳定飞行造成影响。姿态控制系统必须要保证火箭复合运动的稳定性。

（1）什么是火箭刚体运动的稳定性

首先，把火箭看成是一个没有弹性运动、没有推进剂晃动运动的刚体。任何物体运动状态的改变都是由力的作用产生的，作用在火箭上的力主要有发动机推力、重力、空气动力，以及由发动机带来的干扰力和产生的控制力。

空气动力在火箭上的作用点称为压心，重力作用点称为质心。压心与火箭的气动外形有关，质心与火箭质量分布有关，两者一般情况下是不重合的，就像羽毛球一样，羽毛球的压心偏羽毛端，而质心靠近半球形头部。当压心到火箭尖端的距离小于质心到火箭尖端的距离，即压心在质心之前称为静不稳定状态，当火箭受到干扰，飞行速度方向与纵轴产生夹角——攻角时，空气动力力矩使攻角进一步增加，火箭姿态快速发散，直到火箭完全倾倒。压心在质心之后为静稳定状态，空气动力使干扰产生的攻角减小，直到消除，就像羽毛球一样，稳定飞行，见图12－8。载人火箭为提高静稳定度加装了尾翼，使火

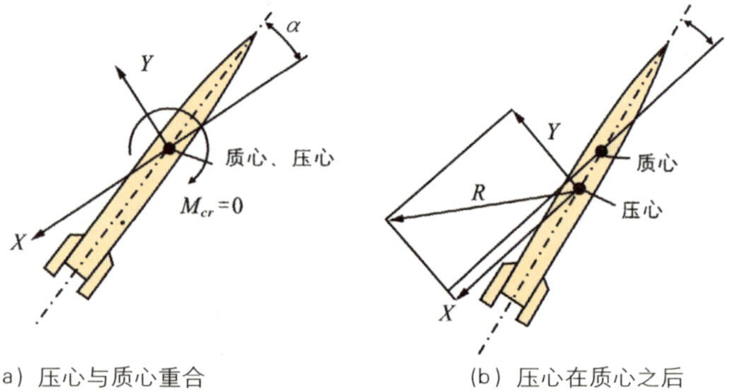

图12－8 火箭刚体运动的稳定性示意图

α

箭压心后移。液体火箭氧化剂比燃烧剂的密度大，所以氧化剂箱在前，燃烧剂箱在后，就是为了使质心前移。

火箭的静稳定性不像飞机那样重要，考虑到火箭的可操纵性，火箭的静稳定性不能太大，否则难于操纵。有时还利用火箭的静不稳定性来提高火箭的操纵性，减少发动机摆动的负担。

另外，由于燃料不断消耗和飞行姿态变化，火箭质心和压心的相互位置也在变化，静稳定和静不稳定状态是变化的，最终由姿态控制系统保证火箭稳定飞行。

（2）如何应对火箭刚体运动的不稳定因素

姿态控制系统的首要任务是克服火箭在飞行过程中的气动干扰及各种结构干扰，保证火箭始终处于稳定的飞行状态，同时，引入角速度控制，增加姿态角运动的阻尼，实现姿态角超前控制，保证火箭动态稳定飞行。防空部队的高射炮攻击入侵敌机时，仅知道敌机当前的位置是不能击中目标的，还要知道飞行方向、飞行速度，然后向敌机即将飞到的位置开炮才能击中目标，这就是超前控制。静稳定和动稳定控制是同时进行的，将姿态角偏差信号和姿态角速度信号按一定比例求和后，经整形放大就是静稳定和动稳定的控制信号。

姿态角偏差信号由平台或捷联惯性测量组合获取。姿态角速度有两种获取方法：一种是在火箭上安装速率陀螺直接测到角速度，它适用于较大长细比（长度与直径的比）的火箭，为了提高可靠性，长征2F 载人火箭每个通道用两个速率陀螺并联测量角速度；另一种方法是因采用平台或捷联惯性测量组合输出的姿态角偏差信号是时间的函数，从该信号也可以得到姿态控制角速度，它适用于长细比较小的火箭。

（3）什么是火箭弹性运动的稳定性

大型火箭为了有较好的控制性能和运载能力，采用较大的长细比，较小的结构质量与推进剂质量之比，所以结构刚度小。弹性体的火箭有自己的固有振动频率，在外力作用下，沿纵轴产生横向变形和扭转振动。火箭前端是卫星或飞船等有效载荷，尾端是发动机，如同两端负重的扁担一样，会产生弯曲。不考虑火箭的刚体运动，仅考虑弹性运动，在外力作用下，火箭纵轴先弯曲成 ACB 状，然后弯曲成 acb 状，如此来回弯曲，如图 12－9 所示。

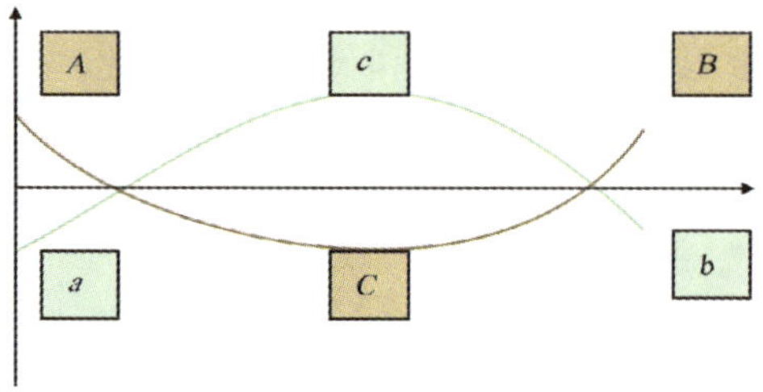

图 12－9 火箭弹性运动示意图

沿 ACB 弧线做切线，得到振型斜率。火箭的这种变形产生附加的姿态角虚假信号，A、B 点斜率最大，C 点斜率最小，理论上为零。由于平台或捷联惯性测量组合无法辨识虚假姿态角信号，系统仍按总的姿态角信号进行控制，在不利情况下，弹性振动产生虚假信号会使火箭振动加剧，严重时导致火箭设备损坏，系统不能正常工作，甚至箭体折断，造成飞行失败。

（4）如何应对火箭弹性运动的不稳定因素

若将平台或捷联惯性测量组合安装在弹性振型的波腹附近，可以减小弹性振动对姿态控制信号的影响。由于平台或捷联惯性测量组合体积、质量的限制，不能任意摆放，尤其是多级火箭，它们是各级共用设备，只能放在火箭最上面级位置。速率陀螺敏感角速度，任务单纯，相对于平台来说，精度要求低。因此可以做到体积小、质量小，原则上可以放在火箭的任意位置，既可以保证得到火箭刚体超前控制的姿态角速度信号，又减小进入控制系统弹性振动信息，所以速率陀螺得到广泛应用。校正网络对平台或捷联惯性测量组合与速率陀螺输出的信号求和后整形，它们输出的信号是时间和频率的函数，而弹性振动的频率高于刚体运动频率，校正网络对弹性信号衰减，阻断其进入控制系统，这就是弹性振动的幅值稳定。如果弹性振动的频率与刚体运动频率接近，校正网络不能对弹性信号衰减，那就调整弹性振动控制信号相位，采用弹性相位超前控制，增加了弹性运动的阻尼，保证弹性运动的稳定，称为弹性振动的相位稳定。

（5）什么是火箭晃动造成的不稳定性

液体火箭与固体火箭相比，其最大的特点是全箭很大一部分质量是液体。特别是当火箭的姿态角发生较快变化时，引起贮箱内液体的振荡，使箱体受到额外晃动力，就像一个弹簧质量系统，构成振动子的振动对贮箱的撞击。推进剂晃动产生的力和力矩作用在火箭箭体上，使火箭姿态角发生改变，姿态角敏感装置敏感到这种变化。当晃动运动不稳定时，晃动幅值不断增大，作用在火箭上的力和力矩就不断地增大，晃动产生的姿态角变化信号也不断地增大，破坏控制系统正常工作，引起火箭运动不稳定。

（6）如何应对火箭晃动的不稳定因素

晃动运动与弹性运动的主要差别之一是晃动运动频率与刚体运动频率相近。晃动运动稳定最简单有效的方法是在贮箱内加防晃板。就像生活中人挑水桶，由于水在桶内晃动，不仅挑水的人受力大，而且水还会晃到桶外，在水桶中放置一块木板后，晃动运动就明显减弱(图12–10)。

图12–10 人挑水桶

姿态控制系统也可以改变刚体控制频率，或增大校正网络超前控制信号控制，来保证晃动运动的稳定。就像挑水的人改变走路步伐的频率，也可以抑制水的晃动。

5. 如何控制火箭的质心运动

火箭质心运动的控制又称弹道控制。外力不仅引起姿态角变化，而且也使质心运动——质心的位置和质心的速度矢量发生变化。质心运动相对绕质心（姿态角）运动来说变化缓慢，是长周期运动。

对火箭质心运动的控制是通过控制发动机推力方向来实现的，在发动机未摆动的初始状态发动机推力方向是与火箭纵轴一致的，只要改变火箭姿态角，就能实现质心运动的控制。假如火箭实际轨道高于理论轨道，姿态控制系统收到制导指令后，将发动机摆动一个角度，使火箭低头，火箭纵轴即发动机矢量朝向标准轨道飞行，直至轨道偏差消失。姿态控制系统从接收到制导指令到发动机摆动，产生控制力矩，改变火箭姿态角是一个短周期运动，产生的姿态角变化与制导指令平衡。也就是说，质心运动的控制是靠改变火箭俯仰、偏航姿态角实现的。

6. 火箭飞行过程中的干扰因素

火箭飞行过程中，不仅有来自自身的干扰，还有来自外界的干扰。姿态控制系统不仅要知道火箭刚体、弹性、晃动运动的特性，还要了解姿态运动的外因，即作用于箭体的干扰力和干扰力矩。

火箭的主要干扰有：风干扰、结构干扰、发动机推力不同步干扰、分离干扰、电气设备工作偏差引起的干扰等。

(1) 风干扰

有风时，空气流动相对火箭有附加的速度，形成附加攻角，产生附加的空气动力和力矩。风干扰的原始物理量是风速，它是随机量，其大小和方向受高度、地点、季节、气候等许多因素影响。通常按风对火箭运动的作用，把它分为平稳风、切变风和阵风。根据大量的观察数据统计，可以得到某地某季节最大或统计平均水平风速随高度变化的曲线，这种曲线称为风剖面。火箭飞行过程中，风随时间变化，称为平稳风。切变风是出现在一定高度上的水平风，其风速随高度急剧增大，接着急剧减小，在风剖面图上好像剪刀，故又称风剪。切变风最大速度与平稳风速大体相当，但由于火箭穿过切变风的时间短，所以只受到短时的风力作用，像脉冲力矩一样。阵风是火箭周围空气的局部扰动气流，通常把它看作是平稳随机过程。

（2）火箭的结构干扰

火箭的结构干扰是由于生产过程中工艺误差造成的。主要有箭体分段制造加工误差，各段对接轴线不垂直导致火箭轴线偏斜；火箭质量分布不均匀，质心偏离理论轴线产生的质心偏移；发动机安装、生产误差产生推力线横移和推力线偏斜。

7. 姿态控制的自适应设计

火箭的结构参数如质量、转动惯量、质心、压心、弹性振动频率和振型斜率、晃动频率和晃动质量、发动机推力、空气动力等都有计算误差，并且这些参数是随飞行时间而变化的，特别是多级火箭分离后这些参数是突然变化的，姿态控制要随着飞行时间变化，自动调整控制参数，使火箭的运动处于理想姿态，这就是常讲的姿态控制系统的自适应设计。

长征 2F 载人火箭姿态控制系统采用了自适应设计，设计中除考虑干扰力和干扰力矩外，还要能承受额外的干扰能力，如正弦、三角波、白噪声干扰等。同时采用了容错技术，即当两个或两个以上并联装置使用时，其中一个出现故障不能正常工作，姿态控制系统将故障吸收，保证火箭稳定飞行，将飞船准确送入预定轨道。

第十三章

载人火箭飞天安检员

—— 故障检测

汽车出了故障，可以停下来检查修理，且一般不会涉及司乘人员安全；载人火箭发射后，既不可能停下来也不可能再返回，并且某些故障极有可能导致箭毁人亡。

为了保证航天员的生命安全，载人火箭在设计中特别增加了一个新系统——故障检测处理系统。

1. 载人火箭的安检员

1986年1月，美国挑战者号航天飞机升空时，因固体助推器故障，引起航天飞机爆炸，7名航天员罹难。这一事件所引起的关切，比其他运载工具事故来得更强烈，影响也更深远(图13-1)。

图13-1 挑战者号航天飞机失事

考虑到载人因素，载人火箭飞行过程要做到绝对安全，因此对火箭的可靠性和安全性要求非常高。发射卫星所用的火箭可靠性只要达到90%以上即可，而且没有安全性指标要求；而发射载人飞船时，火箭的可靠性必须达到97%以上，安全性要达到99.7%以上。为此，比起发射常规航天器所使用的火箭，载人火箭除了在原材料、电子元器件、生产工艺和系统设计技术上有很大提高外，还新增了故障检测处理系统，它是为保证航天员安全而增加的一个全新系统，能对火箭故障进行自动检测和自动判别，因此成为长征2F载人火箭飞天过程中名副其实的安检员。

2. 故障有快慢之分

按照火箭发生故障导致结果的严重程度可将故障分成四类，即灾难的、致命的、严重的和轻度的，而载人火箭的故障检测处理系统只关心那些影响航天员安全的故障。火箭故障的划分见图13-2。

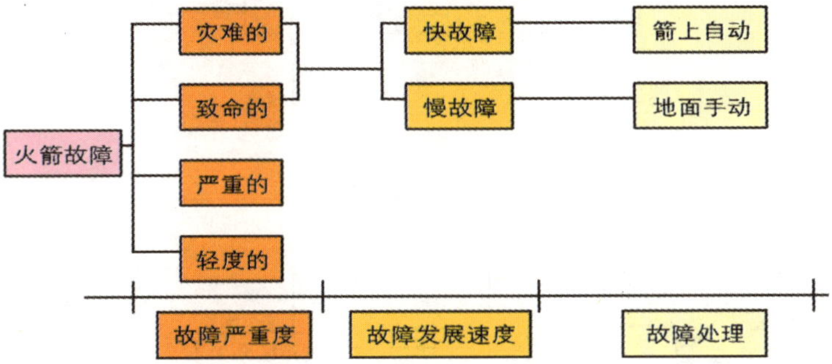

图13-2 故障的划分

在影响航天员安全的故障中，有些故障发生后会很快导致灾难的和致命的后果，这类故障称之为快故障，其他的称为慢故障。慢故障如整流罩未分离、飞行过程中伺服机构卡死在当前位置等可由地面故障诊断系统进行判断，其实施过程是经逃逸安控专家组确认，由地面逃逸指挥员发出口令，然后执行逃逸；而快故障则需要安检员——即火箭上的故障检测处理系统自动判断并发出逃逸指令。

从各种故障模式导致的后果来看，火箭的快故障有两种表现：一是失去足够的动力，火箭不能继续飞行；二是不能保持其飞行姿态。

3. 安检员的特殊使命

故障检测处理系统有两个主要任务，一是通过火箭的重要参数，判断火箭是否有故障，一旦确认出现故障，迅速向逃逸系统和控制系统发出逃逸指令和发动机中止飞行指令，并将有关的逃逸信息通知飞船系统和地面故障诊断系统；二是在抛整流罩前实施逃逸过程中启动逃逸飞行器点火、完成逃逸飞行器的时序控制和火工品配电。故障检测处理系统工作程序见图 13－3。

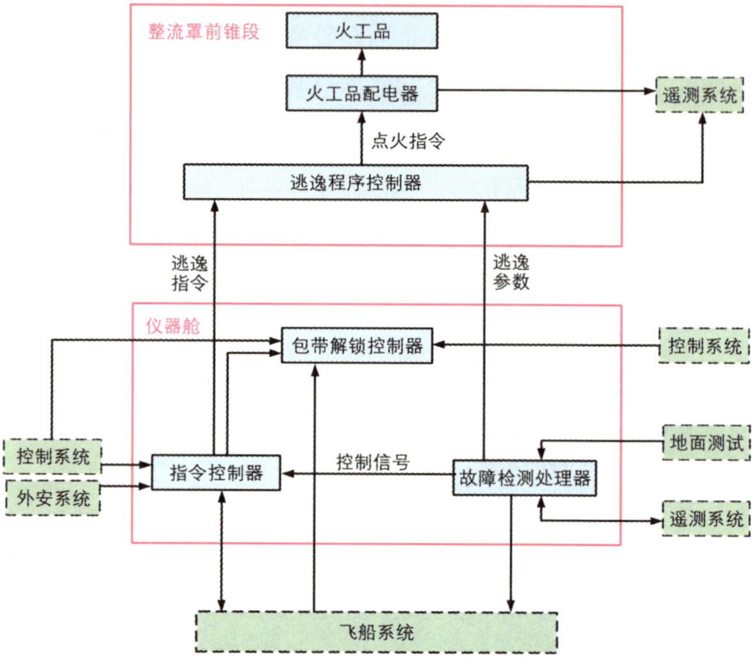

图 13－3 故障检测处理系统工作程序图

作为故障检测处理系统核心设备的故障检测处理器，它位于火箭仪器舱，接收从遥测系统和控制系统送来的包括姿态角信号、过载信号、加速度信号在内的 19 个重要参数。故障检测处理器从射前 30 分钟到船箭分离一直在监测这些参数，根据火箭故障判据，判断火箭飞行是否正常，并将检测结果及时通知航天员并报告地面故障诊断系统。如果火箭飞行正常，故障检测处理器只进行故障检测及判断。一旦火箭出现故障，故障检测处理器经检测判断，立刻知道火箭有故障，发出故障信号，并由指令控制器将逃逸信号转发给位于整流罩前锥段的逃逸程序控制器和飞船系统。逃逸程序控制器收到逃逸信号后，可根据不同的逃逸模式，完成逃逸时序控制及火工品的供配电功能，启动逃逸飞行器的发动机和逃逸装置。同时，为了避免在逃逸时火箭碰撞到逃逸飞行器，故障检测处理器要向箭上控制系统发出发动机中止飞行指令，控制系统接到此指令后，关闭火箭发动机。

故障检测处理系统在飞行过程中的各种数据和信息是通过遥测参数传给遥测系统，再由遥测系统将数据和信息实时传送给地面，供地面故障诊断系统决策。如果地面故障诊断系统发现火箭在飞行过程中出现故障，也可由地面逃逸指挥控制台手动发出遥控逃逸指令，通过外安系统将该指令送给故障检测处理系统。故障检测处理器还设有与飞船的接口，用于向飞船传送火箭飞行状态参数及故障诊断结果，使航天员能及时了解到火箭的飞行状况。另外，故障检测处理系统还有一项船箭应急分离功能，在逃逸时需要由控制系统先将与飞船连接的包带解锁后，飞船才能执行后续的逃逸动作，但是如果此时控制系统出现故障，就需要由航天员手动发出船箭应急分离指令，包带解锁控制负责完成包带解锁的火工品配电功能。故障检测处理器与逃逸程序控制器之间可进行通信，用于传递逃逸初始状态参数，确定逃逸发动机点火时间及方向。故障检测处理器接收控制系统发来的三路平台切换信号并进行三中取二判别，以确定平台是否有故障（见图13－4）。如果平台有故障就利用捷联的数据作为火箭故障的判别的依据，不再使用平台的数据。

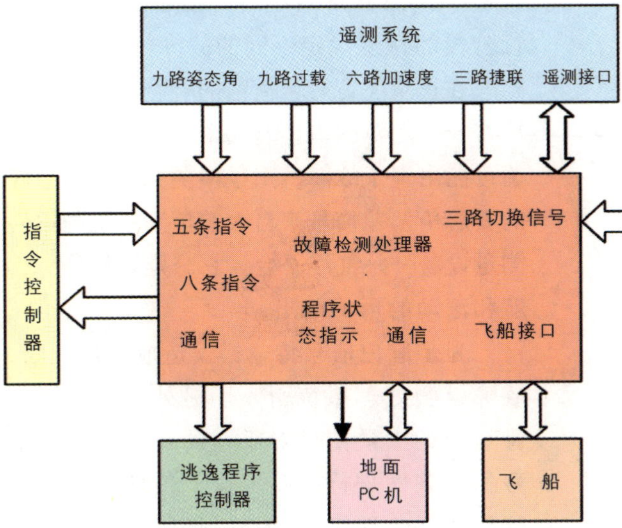

图13—4 故障检测处理器接口关系

4．如何判断故障

故障检测处理系统对可靠性有很高的要求，表现为既不能漏逃也不能误逃。应该逃逸而没有逃逸称为漏逃，漏逃会威胁到航天员的安全；而不该逃逸却实施了逃逸叫做误逃，误逃则会使本来正常的飞行任务失败，造成巨大的损失。那么，面对火箭发射和飞行过程中可能出现的种种故障（图13－5），故障检测处理系统如何甄别呢？

故障检测处理系统通过测量火箭的轴向过载来检测火箭动力系统推力丧失的故障模式。在箭上仪器舱内安装有3个高精度、高可靠的测量火箭轴向过载的传感器。为了防止误诊断，需要对过载信号进行三取二判断，即3个信号中有2个超出了给定的故障限才能认为火箭动力系统出现了故障。分析表明，火箭一级助推飞行段和二级飞行起始段，横法向过载不能反映发动机的故障情况，因此对动力系统的故障检测不适用横法向过载。轴向过载可以反应出动力系统的推力变化，在考虑推力异常减小时，要根据不同的飞行阶段的特点确定不同的故障门限值。

在正常飞行时，火箭的姿态角偏差会保持在一定的范围内，若超出该范围则说明火箭可能出现了故障。用于检测火箭姿态故障的姿态角偏差信号来自火箭控制系统的惯性测量设备——气浮平台，它分别以俯仰、偏航和滚动的形式给出。

为了避免信号传输错误造成的误判断，故障检测处理系统引入了另外一个惯性测量系统的测量信号对平台的姿态角偏差信号的正确性进行检验，这个惯性测量系统就是捷联惯性组合。捷联惯性组合是气浮

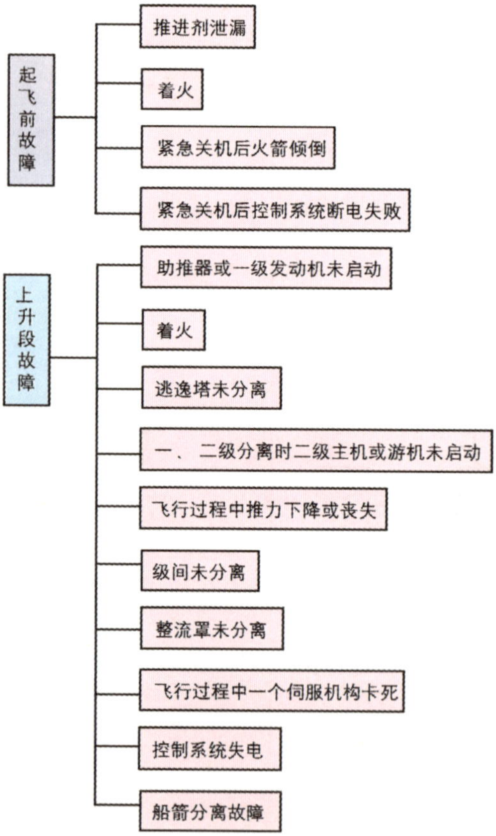

图13－5 火箭起飞前和上升段的主要故障

平台冗余备份产品，当控制系统发现平台出现故障不能正常工作时会自动切换到捷联惯性组合。然而平台输出的信号性质与捷联惯性组合不同，气浮平台输出的是姿态角偏差，捷联惯性组合输出的是角速率，角速率的积分结果是在发射坐标系下的姿态角，减去程序角后才是姿态角偏差。由于捷联惯性组合存在零位偏差，长时间的积分会把误差放大，通过分析取 3 秒积分可以用于对平台信号正确性进行检验。

当气浮平台出现故障后，控制系统会用捷联惯性组合的信息进行火箭的控制，并通过“平台切换”信号通知故障检测处理系统。故障检测处理接到“平台切换”信号后，不再使用气浮平台信号进行姿态故障的判断，转而使用捷联惯性组合的信号。在“平台切换”后为了避免仅使用捷联惯性组合信号进行姿态故障判断造成误逃，又使用了速率陀螺的信号对捷联惯性组合的信号进行正确性检验。其检验准则是：当捷联惯性组合角速率 3 秒积分超出故障限值，且与速率陀螺信号一致的情况下才能认定火箭出现了姿态故障。

火箭正常飞行时过载、姿态是随飞行时间变化的，因此其故障值也是随飞行时间变化的，特别是在助推器分离、级间分离和二级主机关机的时刻。为了避免参数的跳变引起误逃，又加入了对助推器分离、级间分离和二级主机关机信号的判断。

助推器分离信号由位于助推器前连接点的分离插头给出，通过对该分离信号的判断可以判断出助推器上支点的误解锁，以及助推器是提前分离还是滞后分离。级间分离信号由位于一级、二级分离面的分离插头给出，可以判定一级、二级的提前分离或滞后分离。

5. 如何处理火箭起飞前的故障

火箭起飞前的故障主要表现为推进剂泄漏、着火、紧急关机后倾倒以及紧急关机后控制系统断电失败 4 个方面。

塔架展开后至点火起飞期间出现紧急情况时，主要依靠地面系统进行检测和判断。但故障检测处理系统和逃逸系统在此

知识链接

姿态角偏差

火箭的姿态角随飞行弹道的变化是事先设计好的，称作程序角。然而，飞行过程中的一些随机因素，如风干扰、结构干扰等，会使姿态角偏离预定值，将实际的飞行姿态角与程序角（理论的姿态角）相减得到的值即称为姿态角偏差。

期间也具备逃逸能力，即在射前30分钟故障检测处理系统的故障检测程序已运行，除允许逃逸指令（允许逃逸指令在射前5分钟发出）未发出外，已具备接收地面逃逸指令的能力，一旦接到请求逃逸的信号，则先发允许逃逸指令，再发逃逸指令。

火箭发动机点火后由于某种故障未能起飞时将对发动机进行紧急关机。若关机正常，则按紧急关机的事后处理程序进行处理。若紧急关机后出现因一种推进剂的主阀门未关闭或副系统未关闭导致推进剂泄漏，引起着火，或由于滚转运动导致的火箭4个支点中的3个支点脱离发射平台支座，使火箭发生倾倒等特殊情况时，地面系统会通过图像监视设备和火箭姿态角信息来进行判断并发出处理指令，当然故障检测处理系统也可以处理这种情况。

若紧急关机后控制系统未能在要求的时间内给箭上火工品和箭上设备断电，箭上火工品和箭上设备仍能接到起飞信号，则会造成灾难性后果（120秒控制系统抛逃逸塔，148秒左右助推器分离）。发生该故障时，地面系统会通过起飞触点是否接通、控制系统电池电压、二级伺服机构工作电压等参数进行判断。当已收到起飞触点接通信号，且控制系统断电失败（即电池电压、二级伺服机构工作电压正常），则在10～100秒内择机实施逃逸。

6. 火箭起飞后发动机出现故障怎么办

火箭飞行过程中（图13－6），任何一台发动机出现故障，都有可能会导致灾难性的后果。发动机故障可能表现为：助推器或一级发动机未启动；一、二级分离时二级主机未启动；一、二级分离时游机未启动；飞行过程中推力下降或丧失。

火箭起飞时，在一台发动机或两台对称发动机未点火的情况下，火箭仍有可能在紧急关机前起飞。在这种情况下，0～60秒之间，火箭仍能保持稳定飞行，这时的轴向过载与正常飞行的轴向过载相差不大；当两台对称助推发动机同时点火失败时，0～60秒之间，火箭也可以一直保持着稳定飞行，轴向过载与正常飞行轴向过载差值保持在一定范围之间；在此之后的一段时间内，火箭将在不同时刻出现失稳状况。因此，可以根据涡轮泵转速、喷前压力来判断发动机是否正常启动和工作正常，并可以确定是哪一台发动机工作不正常；通过轴向过载来判定是一台还是两台发动机未正常启动。另外，当任意一台发动机未启动时，外弹道都会有很大的变化，因此，外弹道位置偏差也作为判断参数之一。只要当涡轮泵转速和喷前压力同时不正常，并且轴向过载和任意方向的外弹道位置偏差之一超限时，即可发出逃逸指令。

同样，当出现一、二级分离时二级主机未启动，一、二级分离时游机未启动，飞行过程中推力下降或丧失的故障时，相应发动机的涡轮泵转速、喷前压力、轴向过载、外弹道位置，甚至姿态角偏差和角速率都会有一些异常，只要判断到这些参数偏差超限，就要发出逃逸指令。

图13－6　火箭飞行图

7. 逃逸塔和整流罩未分离怎么办

正常飞行时，逃逸塔将在120秒分离（图13－7），但逃逸塔分离时间允许存在一定的偏差。若逃逸塔提前分离，虽然也为故障，但不影响火箭的正常飞行；若逃逸塔一直未分离，则会影响到整流罩的正常分离，飞船将无法入轨。

当逃逸塔分离的3个信号同时没有，或逃逸塔分离信号与图像信号同时没有，则可断定逃逸塔未分离；若从图像不能断定，但同时没有逃逸塔分离信号和分离发动机点火指令，也可认为逃逸塔未分离。此时，在一、二级分离后10～20秒将实施逃逸。

若逃逸塔分离，而一、二级分离44秒后整流罩未分离，则认为整流罩分离失败。其后果是火箭不能入轨，且船／箭不能分离。此故障属于慢故障，箭上发现此故障后仅发出报警信号，由地面进行处理。

图13－7　逃逸塔分离

8. 火箭和飞船无法分离怎么办

火箭把飞船送到一定高度时，火箭即光荣地结束了使命（图13－8），但是如果此时出现船箭无法分离的故障怎么办？

船箭分离过程中，可能存在3种故障模式：游机关机包带未解锁、游机未关机包带解锁和游机未关机包带未解锁。由于游机未关机时，即使包带解锁船箭也不能分离，其现象与船箭包带未解锁相同，因此实际上只有两种模式。

包带未解锁可能是由箭载计算机无指令输出、时序控制装

图13-8 船箭分离图

置无指令输出、时序输出装置继电器开路或火工品未起爆中的某个原因引起的。前三个原因引起的船箭未分离可以由地面判别，然后启动手动应急船箭分离予以解决，而对于火工品未起爆的问题，即便使用手动船箭分离也不起作用。

游机未关机可能是时序控制装置无指令输出、时序输出装置继电器开路或火工品未起爆中的某个原因引起的。在游机未关机的情况下，即使爆炸螺栓解锁，船箭在过载的作用下也无法分离。若此时发逃逸指令执行中止飞行也不能解决游机未关机问题，只有等到游机推进剂耗尽，船箭自动分离，但是分离过程中可能会发生碰撞，这需要在今后的工作中进一步研究。

游机涡轮泵转速和轴向过载同时低于一定值，即可以认为游机已关机；二级游机关机 6 秒内，收到任何一个船箭分离插头分离信号，都认为船箭正常分离，否则认为船箭未分离。在确认故障发生后，由地面系统无线通知航天员执行手动应急船箭分离。若定时关机后，二级游机涡轮泵转速仍保持正常，轴向过载也没有下降，即可以认为游机未能正常关机。在确认故障发生后，由地面发出船箭应急分离指令。

第十四章

航天员的救生艇

—— 逃逸飞行器

载人火箭与一般火箭的最大区别，就在于它运送的不是货物，而是人，所以在火箭的设计过程中，航天员的生命安全要始终摆在第一位。为此，必须从零部件入手，全面加强火箭各系统的可靠性，使火箭整体的安全性进一步提高。但这样就能保证火箭发射万无一失了吗？谁也打不了这个保票。因此，就像所有的海轮都要携带救生艇一样，神箭也要有自己的逃逸救生系统，我们称之为逃逸飞行器。

1. 航天员的逃逸救生过程是怎样的

如果火箭的发射飞行过程一切正常，最后将飞船准确地送入了预定轨道，那么火箭逃逸系统在本次发射中就是一位没有用武之地的侠士，这也是人们所希望的。但为了在出现故障时确保航天员的安全，必须提前分析在什么情况下会出现故障，可能出现什么样的故障，研究要采取什么样的对策，是否需要进行逃逸救生，并应制定多套执行方案和应急措施。而在逃逸救生过程中，需要多个系统的密切配合，逃逸系统仅仅是其中的执行机构。长征2F 载人火箭上与此相关的系统还有故障检测处理系统、控制系统、遥测系统和外测安全系统等。

故障检测处理系统（参见第十三章）是火箭的安检员，它在火箭的飞行过程中会一直监测火箭的飞行状态，对火箭是否出现需要逃逸的故障进行判断，并在确认火箭故障后向控制系统发出中止飞行信号；此外，它还可以接收由航天员手动或地面故障诊断系统遥控发出的逃逸信号。而故障检测处理系统一旦收到了逃逸信号，就会立即向逃逸系统发出逃逸指令，启动逃逸系统实施应急逃逸。逃逸系统的职责是将航天员带离危险区，并为航天员的返回着陆提供必要的条件。

考虑到发射人员及地面设施的安全，火箭飞行60 秒前逃逸时火箭发动机不关机，60 秒后逃逸时将中止故障火箭继续飞行。火箭中止飞行工作由控制系统完成，这是整个逃逸救生过程的重要环节之一。

遥测系统向故障检测处理系统实时提供检测参数，也向地面故障诊断系统实时提供遥测参数，在逃逸过程中还需要实时测量与逃逸飞行有关的参数并传送给飞船系统。

外测安全系统负责接收遥控逃逸指令并传送给故障检测处理系统。为逃逸系统专门配置的设备是逃逸指令接收机。

2. 火箭为航天员提供了几种救生方式

在整个载人飞行过程中，航天员的救生方式会随着火箭和飞船运行阶段的不同而发生变化，总体来说，可分为4个大的时间段，即待发射段、发射段、飞船运行段和飞船返回段。其中，飞船运行段和飞船返回段是在飞船与火箭分离之后，这两个阶段中航天员的救生措施完全由飞船提供，本书就不作介绍了。

在逃逸飞行器的工作范围（点火前30分钟至整流罩分离）内，逃逸模式分为两种，即有塔逃逸模式（模式Ⅰ）和无塔逃逸模式（模式Ⅱ），两者以火箭飞行120秒逃逸塔分离为界。在模式Ⅰ中，60秒之前逃逸不要求火箭发动机关机，60秒之后逃逸需要火箭发动机关机。

对应模式Ⅰ的逃逸程序有3种，对应模式Ⅱ的逃逸程序有1种。

1）逃逸程序Ⅰ。这种逃逸程序对应逃逸模式Ⅰ，它适用于发射前发射塔架平台展开到起飞20秒之间火箭出现重大故障时。

2）逃逸程序Ⅱ。这种逃逸程序对应逃逸模式Ⅰ，它适用于起飞20～100秒火箭出现重大故障时。

3）逃逸程序Ⅲ。这种逃逸程序对应逃逸模式Ⅰ，它适用于起飞100秒至逃逸塔分离期间火箭出现重大故障时。

4）逃逸程序Ⅳ。这种逃逸程序对应逃逸模式Ⅱ，它适用于逃逸塔分离至整流罩分离期间火箭出现重大故障时。

（1）待发射阶段（从航天员进入飞船到火箭点火前的准备阶段）

火箭在发射台上做发射准备时，虽然尚未点火，但已经加注了推进剂，完全可能发生推进剂泄漏、火灾、火箭倾倒，甚至爆炸等危急情况。这段时间的救生方式主要有两种：一种是航天员离开飞船，利用防爆电梯或紧急撤离滑道直接返回地面，并迅速撤至安全地带（如进入地下安全掩蔽室）；另一种

图 14－1　待发射段和发射段的逃逸方式

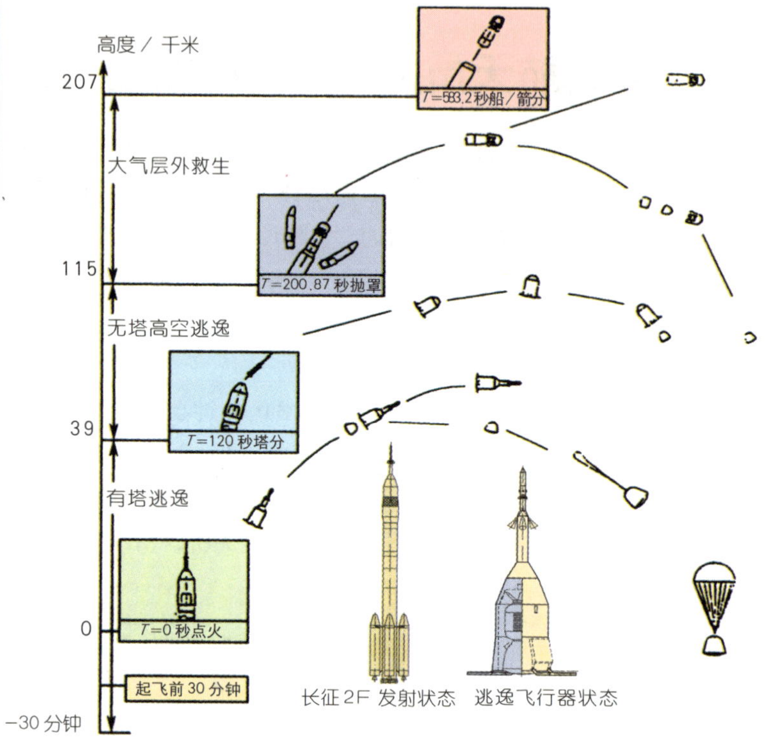

方式是使用带逃逸塔的逃逸飞行器（火箭逃逸系统）进行逃逸救生（图 14－1），这种方式需要在相关系统、部件全部就位且工作正常的情况下进行（长征 2F 载人火箭的逃逸飞行器要在发射前 30 分钟内才具备启动条件）。

长征 2F 载人火箭的逃逸系统启动后，逃逸分离面（包括上、下部整流罩之间以及飞船返回舱与推进舱之间）解锁，电路、气路、液路等全部自动分离，整流罩内的上、下支撑机构工作，紧紧抓住飞船的返回舱和轨道舱，灭火装置开始灭火，整流罩外部的栅格翼展开；整流罩上、下分离，整流罩上部与飞船的轨道舱和返回舱连成一体，组成逃逸飞行器，与火箭分开；逃逸主发动机点火，整个逃逸飞行器升空，逃逸塔上的姿控发动机工作，让逃逸飞行器在上升的同时偏转一定角度，使它逃离危险区；逃逸飞行器上升到某一高度后，分离发动机使搭载着航天员的返回舱分离出来，其余部分继续飞行；返回舱按照自己的路线飞行，调整到一个有利的姿态开始下降，随后打开降落伞，安全着陆。

（2）发射阶段（从火箭点火时起至船箭分离时为止的飞行阶段）

为了减少质量，在正常飞行的情况下，长征2F 载人火箭将在起飞后120 秒左右抛掉逃逸塔，在200 秒左右抛掉整流罩，因此，这个阶段逃逸系统的逃逸方式可分为大气层内低空有塔逃逸、大气层内高空无塔逃逸和大气层外应急救生3 种。

1）大气层内低空有塔逃逸方式。从火箭在发射台上起飞到飞行高度在约39 千米以内（抛塔前），都可以采用由逃逸塔带动逃逸飞行器逃逸的方式，整个过程与待发射阶段基本一致。采用逃逸塔方式的优点主要有：适用范围大（飞行高度范围为0～39 千米甚至更高）；整舱逃逸，人员较安全；动力较大，飞行高度和飞行距离较大（逃逸塔在发射台上逃逸时，其飞行高度就可以超过1 300米，飞行距离可达800～900米），离危险区较远。

2）大气层内高空无塔逃逸方式。逃逸塔抛掉后到穿出大气层之前的逃逸方式，依然采用逃逸飞行器方式，只是缺少了逃逸塔的动力系统，这一段的逃逸动力由在整流罩上安装的高空逃逸发动机提供，返回舱的分离动力由也安装在整流罩上的高空分离发动机提供。

3）大气层外应急救生。如果在整流罩分离后火箭出现致命性故障，此时飞船必须立即与火箭分离。由故障检测处理系统通知火箭控制系统发出火箭发动机关机指令和进行船箭分离指令，然后启动飞船自身的动力装置，逃离危险区，随后各舱段分离，返回舱返回地面；或利用飞船自身动力装置将飞船送入一条非设计的轨道，择机返回地面。

3. 逃逸飞行器的组成和布局

长征2F 载人火箭的逃逸飞行器主要由逃逸塔、上部整流罩以及安装于整流罩上的高空逃逸动力系统、上下支撑机构、栅

知识链接

逃逸飞行器的应用情况

1961年4月25日，美国发射载有假人的水星3号飞船，起飞43.3秒时火箭偏离了飞行轨道。火箭故障检测系统检测到故障后，发出了逃逸救生指令和火箭发动机关机指令，逃逸飞行器启动，飞船座舱安全逃逸并回收成功；当飞船离开火箭后，发射场安全官员向火箭发出自毁指令，引爆了火箭。

1983年9月26日，苏联发射联盟T10A飞船时，运载火箭在发射台上爆炸。爆炸前，推进剂管路中有一个阀门失灵，致使燃料泄漏，火箭底部起火。地面指挥人员立即向逃逸救生系统发出指令，逃逸飞行器点火，把飞船从即将爆炸的火箭上牵引到4千米以外的地方降落，航天员死里逃生。随着一声巨响，火箭将发射台炸成了一片火海。

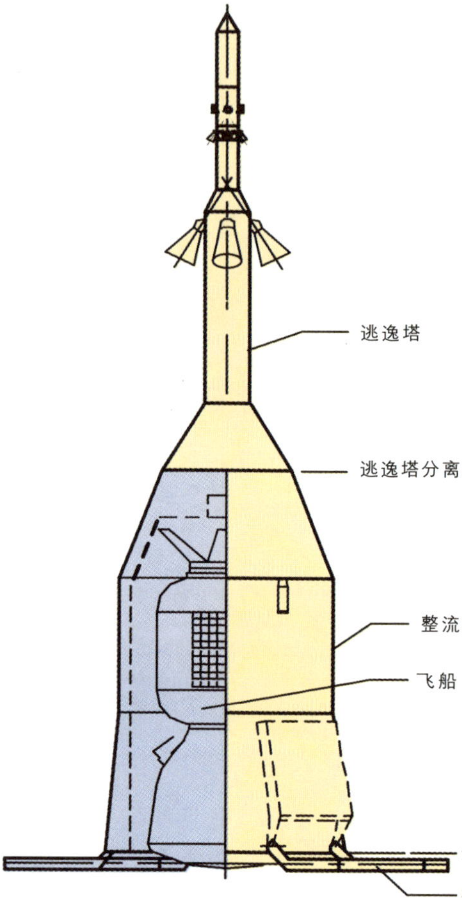

图14－2 逃逸飞行器

格翼和灭火装置等组成（图14－2）。

神舟飞船的布局为三舱布局，从上至下依次是轨道舱、返回舱和推进舱，航天员位于返回舱中。逃逸系统的任务是将航天员带离危险区，所以根据这个要求和飞船的布局，设计了以上部整流罩为主体结构的逃逸飞行器形式，并在整流罩内部设有上、下支撑机构，用于完成逃逸时整流罩与飞船返回舱的连接。

我们知道，逃逸塔主要是为逃逸飞行器提供低空逃逸动力的，可为什么不把它像火箭动力系统一样放在逃逸飞行器的下面呢？而且，整流罩上为什么要加上栅格翼呢？这些都是为了保证逃逸飞行器的飞行稳定性。

逃逸飞行器有主动和被动两种控制方式可供选择，各有优缺点。主动控制方式是如运载火箭那样，设置导航系统，涉及的部件复杂、质量大，但精度高、机动性强，可以在飞行中调整逃逸飞行器的轨道。被动控制方式不需要制导装置，结构简单、可靠、质量小，但无法对逃逸飞行器在飞行中的轨道进行调整，这就要求逃逸飞行器在满足机动性要求的同时，自身必须具备一定的稳定性，保证它在飞行时不会出现令航天员无法承受的翻滚、旋转等状态，这就只能通过合理布局来实现了。综合考虑后，长征2F载人火箭的逃逸飞行器采用了被动控制方案，因此，对整个逃逸飞行器的布局必须充分考虑稳定性要求。

逃逸飞行器的稳定性要求有两种方法可以实现：一是将质心向前移，二是将压心（飞行器上气动力的作用点）向后移。

采用在基本构型前部加配重的方法可以实现质心前移，而在基本构型后部加翼可以实现压心后移。但这两种方法单独使用都有局限性：单独使用前者将付出沉重的质量代价（有的火箭使用了1.9 吨的配重），这个方法在运载能力有余的情况下可以采用，并可以避开逃逸飞行器研制的难点；单独采用后者的逃逸飞行器世界上还没有出现过，分析表明，如果单独使用尾翼来满足稳定性要求，尾翼的尺寸必然较大，因而质量也会很大，这样会造成质心进一步后移，导致恶性循环。因而只有同时使用这两种方法才能发挥出最高效率。生活中也有这样的例子，比如羽毛球：与乒乓球相比，羽毛球加厚了前部球壁使球的重心前移，并在后部加上了一圈重量很轻的羽毛使压心后移，结果是它在飞行中具有很好的稳定性，而不会像乒乓球那样容易前后左右地旋转。

根据分析结果，逃逸飞行器的布局为：动力系统安装在逃逸飞行器的头部（逃逸塔上和上部整流罩外侧），通过逃逸塔尾裙与整流罩相连；在逃逸塔的顶部加装配重段，其内部可以装多达200 千克的配重，以调整逃逸飞行器的质心轴向偏差；逃逸飞行器的后部安装了4 块蜂窝式栅格翼，平时收靠在整流罩上，逃逸时打开与整流罩轴线成90° 角（可以最好地发挥升力作用），使逃逸飞行器的压心后移。

4. 逃逸飞行器的结构

(1) 逃逸塔

逃逸塔是由配重段、头部动力装置和尾裙组成（图14–3）。其中，头部动力装置是由多个固体发动机组成的动力系统，在

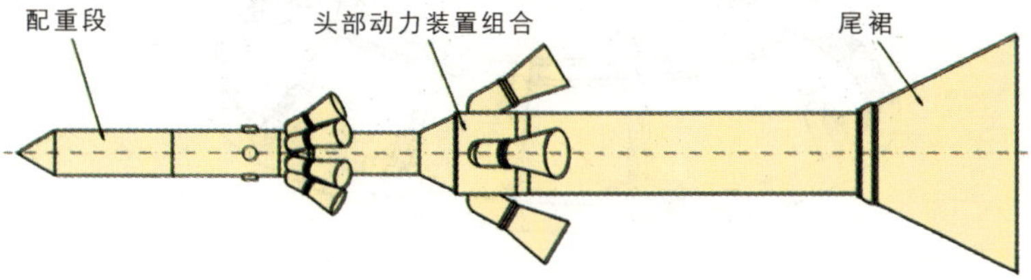

图14–3 逃逸塔的组成

后面的低空逃逸动力系统中会进行具体介绍。

配重段是为了调节逃逸飞行器的轴向质心位置而设计的，由头锥、筒段、配重块和长螺杆等组成（图14－4）。配重块的质量从20千克到1千克不等，在实际飞行前会根据逃逸总体配重要求，用不同的配重块进行组合使用。

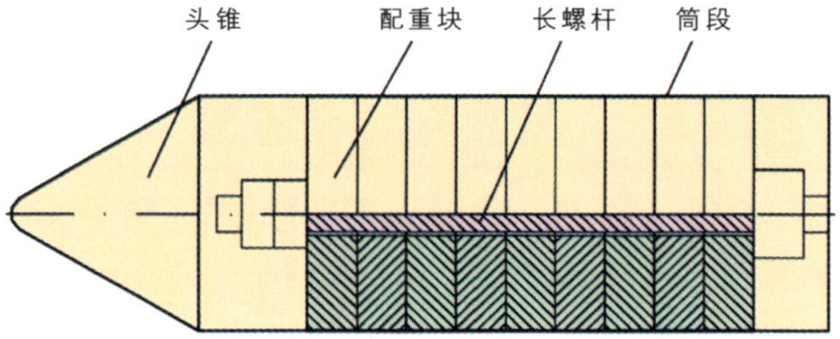

图14－4 配重段结构

尾裙的前端面是矢量调整面，通过矢量调整机构（调整逃逸主发动机的推力矢量，使其通过逃逸飞行器的质心）与头部动力装置相连；后端面与整流罩前锥相连，是逃逸塔分离面。尾裙是一个关键部段，在逃逸飞行时，是主传力结构；在正常飞行时，又是关键分离面。尾裙采用的是承力管组件铆接铝合金蒙皮组成的截锥结构（图14－5），为了满足防热和防逃逸主发动机火焰冲刷的要求，铝合金壳体外还罩有玻璃钢蒙皮。

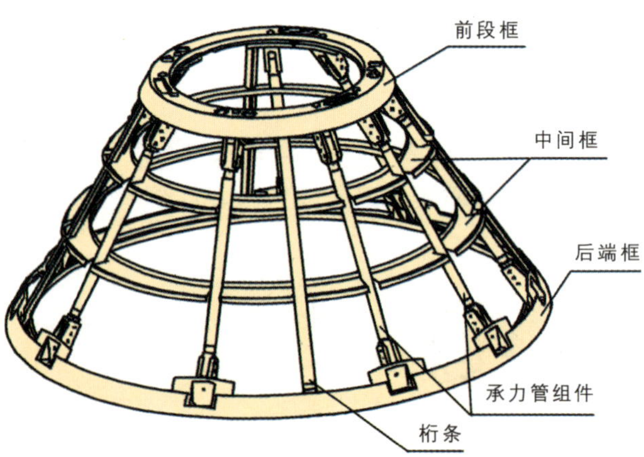

图14－5 尾裙结构

(2) 上部整流罩

上部整流罩是逃逸飞行器的主要承力和维形结构，逃逸时逃逸发动机的拉力通过整流罩传给下支撑机构，再由下支撑机构传给飞船，栅格翼产生的气动力也会加载在整流罩上，所以要求整流罩的材料和结构形式要有所加强，具体请参见“第八章载人火箭的躯体”。

(3) 支撑机构

上、下支撑机构的作用是在火箭正常飞行阶段提供飞船与整流罩间的弹性支撑；发生逃逸时，则上、下支撑机构同时锁紧，用来固定飞船。

上支撑机构（图14－6）共3件，安装于整流罩的前锥段，互成120°角，主要由水平撑杆、斜拉杆、锁紧接头和转接接头等组成。正常飞行时，锁紧接头内部有15毫米的间隙可以移动，在弹簧力的作用下，锁紧接头始终与飞船保持接触。需要逃逸时，由故障检测处理系统发出电爆管点火指令。使锁紧接头内部锁紧，实现上支撑机构与飞船之间的刚性支撑。

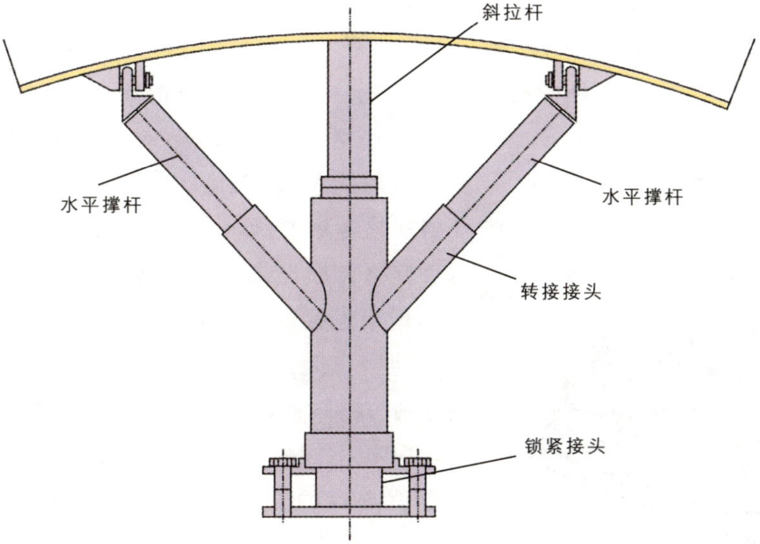

图14－6 上支撑机构

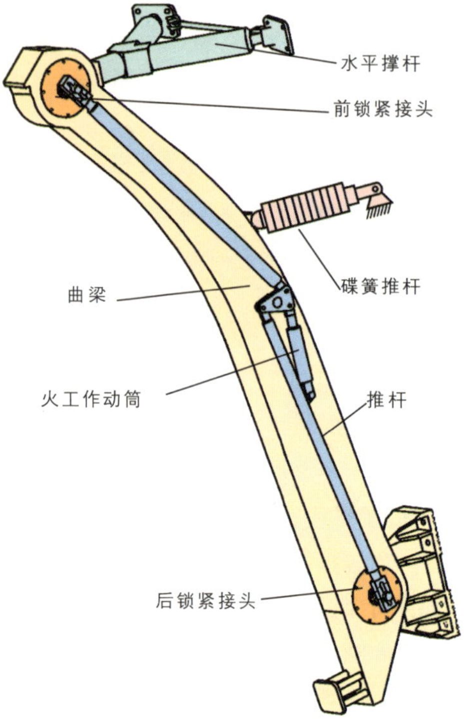

图 14－7 下支撑机构

下支撑机构（图 14－7）共 3 件，安装于整流罩的后锥段，也互成 120° 角，主要由前后锁紧接头、曲梁、推杆、水平撑杆和碟簧推杆等组成。正常飞行时，下支撑机构依靠碟簧推杆的弹性压力，使曲梁的前、后接头紧靠在飞船船体上，同时通过接头内锁紧装置的活动间隙实现对飞船的弹性支撑。逃逸飞行时，火工作动筒推动推杆运动，使上下锁紧接头锁紧，消除接头内部的运动间隙，于是曲梁对船体由弹性支撑变为刚性支撑，从而将逃逸飞行时飞船惯性力引起的巨大载荷传递到飞船整流罩上。

(4) 栅格翼

逃逸飞行器上共有 4 块栅格翼，它们环向均匀分布在整流罩后锥段的外侧。每块栅格翼都带有自己的释放机构，包括 2 个碟簧推杆、2 个阻尼器及 1 个低冲击分离装置（图 14－8）。火箭正常飞行时，栅格翼收靠在整流罩上，由低冲击分离装置固定。碟簧推杆是由一组压缩的碟形弹簧组成，一端固定在整流罩上，另一端压在栅格翼的侧壁上。为防止栅格翼展开时对整流罩冲击过大，同时又要将栅格翼展开后锁定在某一位置上，每块栅格翼都安装了 2 个液压阻尼器，以实现阻尼和锁定双重功能。阻尼器的上连接点固定于整流罩上，下连接点分别与栅格翼的 2 个侧臂连接。进入逃逸程序后，栅格翼释放机构工作：栅格翼上支点的低冲击分离装置解锁，栅格翼在碟簧推杆的推力、惯性力和

图 14－8 栅格翼及其释放机构

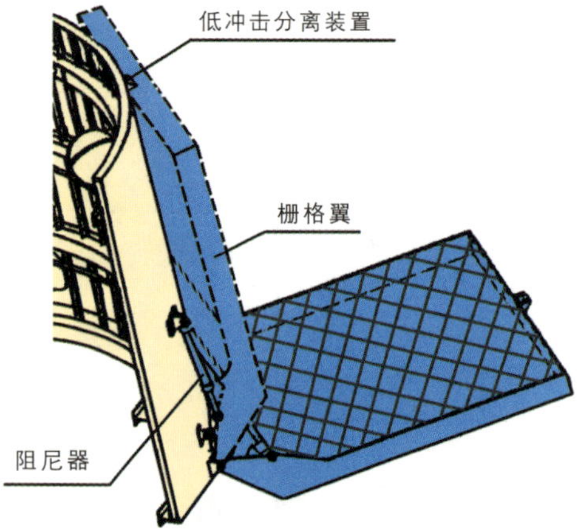

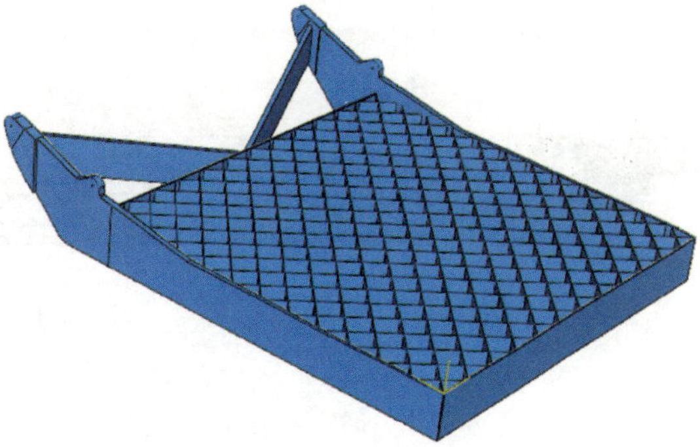

图14－9 蜂窝式栅格翼

气动力的作用下迅速展开，阻尼器开始工作，在其工作到行程终点（栅格翼展开至与罩体成90°角）时上锁，即可锁定栅格翼。

栅格翼的作用是展开后将逃逸飞行器的气动压心后移，以实现稳定飞行。作为逃逸系统给火箭增添的一个附加装置，栅格翼在保证功能的前提下结构质量必须要小，不能给火箭增加过多的负担。为此，栅格翼采用了一种特殊的结构形式，将一组薄的铝合金翼片镶嵌在由上、下翼框、侧壁和斜撑焊接而成的铝合金边框内，翼片与镶边成45°角，称为蜂窝式栅格翼（图14－9）。栅格翼实际上是一种薄壁桁架结构，这种结构质量小、强度大、刚度好、气动效率高、升力大，而且在所有飞行速度范围内的升力特性变化不大，可以保证逃逸飞行器在整个飞行阶段同时满足稳定性和机动性要求。

5. 逃逸动力系统

图14－10 逃逸动力系统

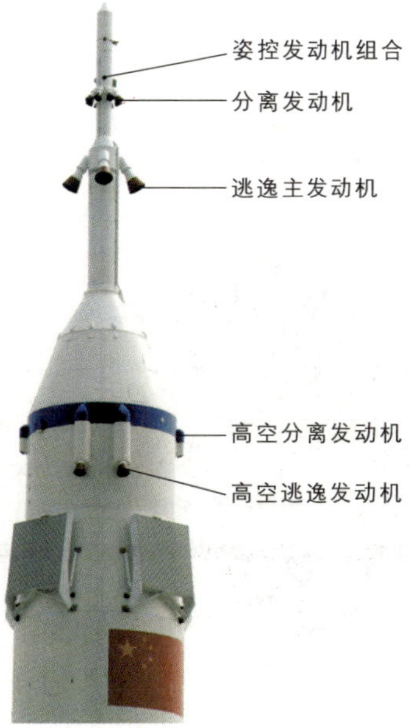

逃逸飞行器的动力系统共5组发动机，布局如图14－10所示，可分为低空逃逸动力系统和高空逃逸动力系统。

（1）低空逃逸动力系统

低空逃逸动力主要由逃逸塔的头部动力装置提供。动力系统由姿控发动机组合、分离发动机和逃逸主发动机组成，全部为固体火箭发动机，特点是启动快速、推力大、工作时间短、可靠性和安全性高。

1）姿控发动机组合。姿控发动机组合由4台同一型号的偏航、俯仰发动机组成。每台发动机均为带一个侧向喷管的固体火箭发动机，采用高燃速

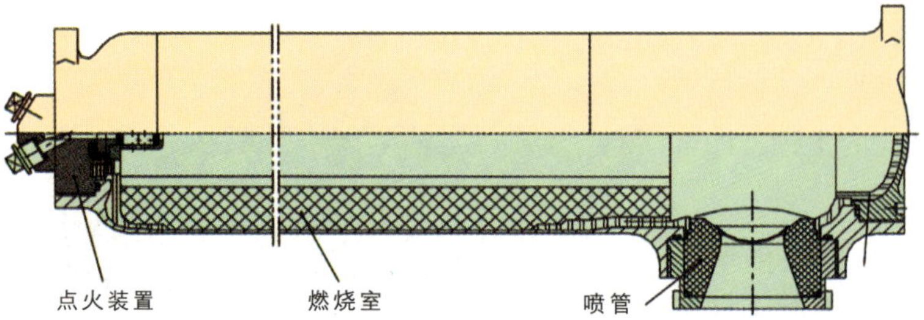

图14－11 偏航、俯仰发动机

固体推进剂药柱和篓式点火装置，喷管轴线与发动机轴线垂直（图14－11）。4 台发动机通过连接螺栓安装在同一罩体内，4 个侧向喷管呈十字形伸出罩体外，其中有2 个相邻的喷管出口处安装了变推力挡流板。

姿控发动机组合的任务是使逃逸塔带动逃逸飞行器转向，使逃逸飞行器在发射台逃逸时能够与火箭偏出一定的水平距离（为返回舱着陆提供条件），在低空逃逸时能够偏离故障火箭的飞行弹道。姿控发动机组合工作的时间很短，把它安装在分离发动机之上，可以在相同的推力下产生更大的力矩。

2）分离发动机。分离发动机是一种构型特殊的前置喷管固体火箭发动机，它的8 个喷管沿圆周等距地装在燃烧室圆柱段上，喷管轴线与发动机轴线成30° 夹角并交汇于一点；燃烧室内有贴壁浇注而成的高燃速低铝粉含量的丁羟推进剂药柱（图14－12）。

分离发动机的任务是在逃逸飞行时为返回舱与逃逸飞行器的分离提供动力，在正常飞行时为逃逸塔和运载火箭的分离提供动力。

图14－12 分离发动机

3）逃逸主发动机。逃逸主发动机也是前置喷管固体火箭发动机，它的4 个喷管沿圆周均匀地装在燃烧室圆柱段上，喷管轴线与发动机轴线成30° 夹角并交汇于一点；燃烧室内有贴壁浇注的高燃速低铝粉含量的丁羟推进剂药柱（图14－13）。

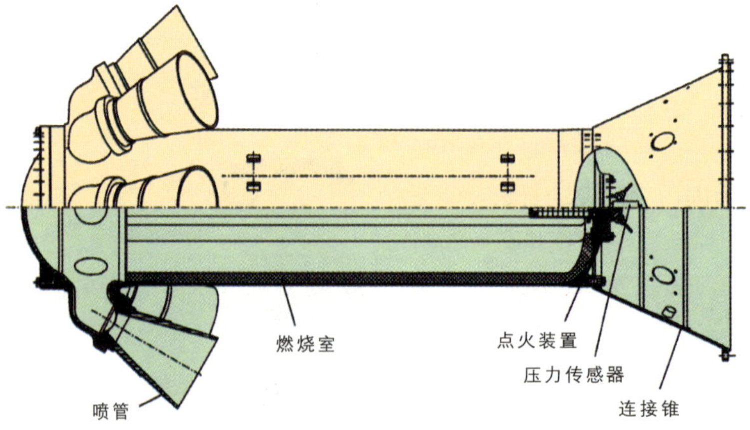

逃逸主发动机为逃逸飞行器提供逃逸的主动力。它的作用是使逃逸飞行器与故障火箭分离并使逃逸飞行器迅速脱离危险区。

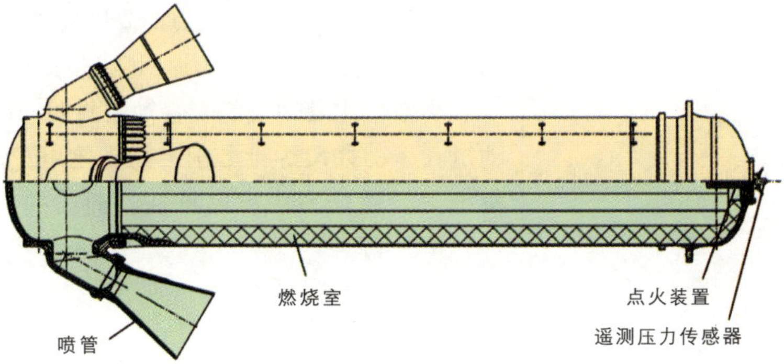

图14—13 逃逸主发动机

知识链接

前置喷管

为了保证逃逸飞行器的总体布局满足有效缩短逃逸飞行器的长度及稳定性和机动性的要求，逃逸主发动机和分离发动机均采用了前置喷管。这种形式的固体发动机燃气要经过150°的转折后从喷管流出，对发动机弯管部位有相当严重的烧蚀。为了保证发动机的喷流在任何情况下均不会冲刷整流罩或其他逃逸飞行器的结构部件，喷管轴线与发动机轴线间有30°的夹角，而且在环向与栅格翼交叉分布。

（2）高空逃逸动力系统

其实逃逸系统完全可以只采用1组固体火箭发动机来完成逃逸任务，但随着飞行高度的增加，飞行阻力很快减小，推进剂也在不断减少，可能出现的故障的危险性也在降低，因此仍使用较大推力的发动机完成逃逸任务已经不必要了。同时，火箭带着逃逸塔继续飞行对火箭的运载能力来说也是个损失。因此在一个合适的飞行时间将逃逸塔抛掉，改用推力较小、质量较小的高空逃逸动力系统来完成逃逸任务，是优化整个系统的较佳方案。

高空逃逸动力系统由安装于整流罩前柱段外侧的4台高空逃逸发动机和2台高空分离发动机组成，全部为固体火箭发动机。高空逃逸发动机的主要任务是在逃逸塔抛掉以后，为逃逸飞行器提供离开故障火箭的动力；此外，在有塔逃逸时也可启用，帮助提高待发射阶段逃逸弹道顶点的高度和水平距离。高空分离发动机的任务是在无塔逃逸时为返回舱与逃逸飞行器的分离提供动力。

高空逃逸发动机的喷管轴线与发动机轴线成20°夹角。发动机壳体圆柱段焊接了前、后支座用于箭上装配，并传递发动机推力。燃烧室内有贴壁浇注而成的高燃速丁羟推进剂药柱（图14–14）。

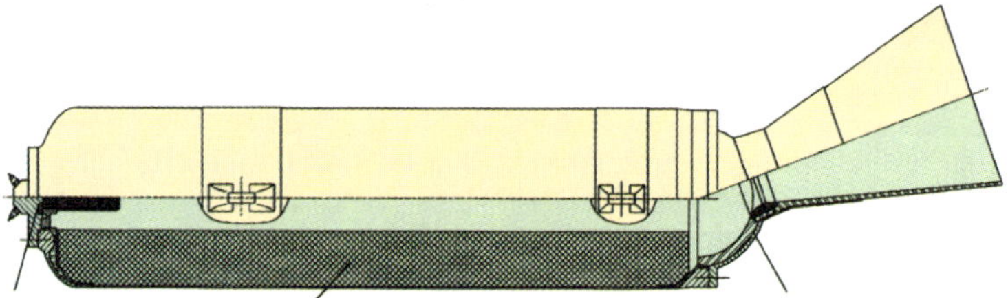

图14–14 高空逃逸发动机

6. 灭火装置的作用

逃逸飞行器的灭火装置安装在整流罩后锥段上，共有2套，每套都包括灭火剂贮箱、电爆阀、充气加注阀、贮箱安全阀、压力传感器和导管、喷头等部件。工作时，与贮箱连接的电爆阀打开，贮箱内的灭火剂（三氟一溴甲烷）经导管由喷头喷出。

灭火装置是逃逸系统的附加装置，主要作用是预防火灾的发生。因为在飞船上存在着大量易燃的液体介质和固体材料，当逃逸飞行器与故障火箭分离时，两者间会产生一个低压区，使逃逸发动机喷出的火焰通过逃逸飞行器的底部向内卷吸造成这些易燃的物质起火。而整流罩内装有逃逸系统的供电和程序控制设备及连接电缆，一旦火焰使这些仪器、电缆损坏，逃逸将无法正常进行。使用灭火装置就可以将发动机的尾喷流隔离在整流罩之外。如果没有灭火装置，即使未发生火灾，整流罩内的温度急剧上升也是必然的，过高的温度同样会使仪器设备失去正常功能，因而灭火装置的另一个作用是给整流罩降温，使其内部温度不超出仪器设备的使用要求。

第十五章

载人火箭飞天诊断器

—— 遥测、外测及安控

中国传统医学讲究“望、闻、问、切”的诊断方式，即通过观气色、听声息、问症状和摸脉象相结合的方式来确定病人的病情。

火箭飞向太空后，通过什么方式来随时诊断火箭是否按预定轨道飞行，各系统部件是否按要求正常工作呢？这就是本章要介绍的内容——遥测、外测及安控系统。

1. 火箭的听诊器
——遥测系统

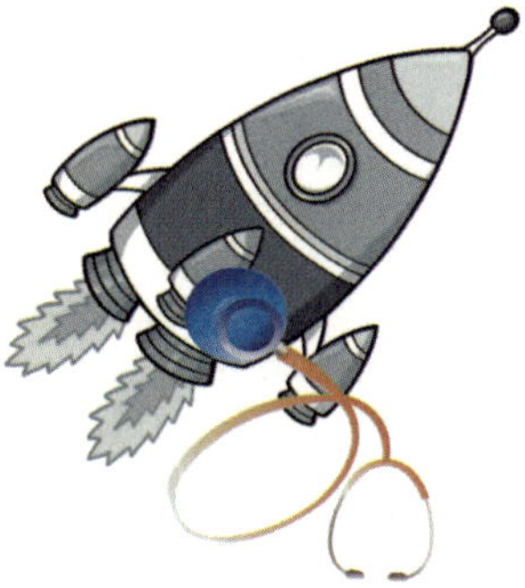

图15-1 火箭的听诊器

医生诊病时最常用的工具是听诊器，使用听诊器时，听诊头完成音频转换，Y 型管完成声波信息传递，耳环膜片完成音频逆转换，最终传至医生耳中实现诊断信息的获取。在火箭飞行过程中，需要对各式各样的参数进行监视和测量，人们不可能在被测点附近进行测量，而只能远离被测对象，有时相隔上万千米进行间接测量，这时遥测系统便成为技术人员对火箭性能进行检查的“听诊器”（图15-1）。

与听诊器一样，遥测系统由传感器和变换器将被测物理量转换为信号，遥测传输设备进行信号调制，发射无线电波到地面，地面经接收、解调、记录、显示、处理还原成被测物理量，完成全部参数监视和测量的过程。

（1）诊断信息的感知

与人一样，诊断火箭是否生病，首先需要感知火箭的各类信息，这就要依靠传感器和变换器。将各类物理量信号转换为电信号的仪器称为传感器。对于不同的参数有不同传感器进行转换，它们有各自的敏感器件。火箭上被测参数种类很多，传感器也有很多类型，如压力、温度、过载、涡轮泵转速、热流、液位、流量、振动、冲击、噪声传感器等。它们有各种形状和大小，可方便地安装在火箭各个部位的测点上。

变换器是将传感器输出的微弱电信号经变换放大、限幅、滤波，最终输出 0 ~ +5 伏直流电压以便于后端遥测设备接收。

（2）信息的传输

许多传感器变换后的信号都要在同一信道内传输，必须利用信道复用技术，即将输入的众多不同信息源传来的信号在发送端合并。火箭遥测对信号合并采用时分多路变换，就是对时间上连续变化的信号进行采样，将连续变化的信号用一个时间上离散的宽度极窄的样点值序列来代替。每路离散信号各相临点间有足够大的间隔，以插入其他各路信号的样点值序列。由于各路信号的样点值序列在时间上互不重叠，它们可以通过一个公用信道传输，实现一个传输信道多路复用的目的。

箭上传输设备由远置单元、中心程序控制器、发射机等组成（图15-2）：全箭分布多个远置单元，每个远置单元就近采集64路模拟信号，进行编码组成一个副帧数据流，送往中心程序控制器；中心程序控制器完成帧格式存储，时序产生，提供控制逻辑，完成远置单元采集和数据流传输，综合数据流，产生帧格式数据流并送往发射机；发射机是实现信号调制和功率发送的仪器，遥测测量信号是借助天线辐射电磁波传输的。载人火箭无线遥测载波频率选择S波段。

图15-2 箭上传输设备构成简图

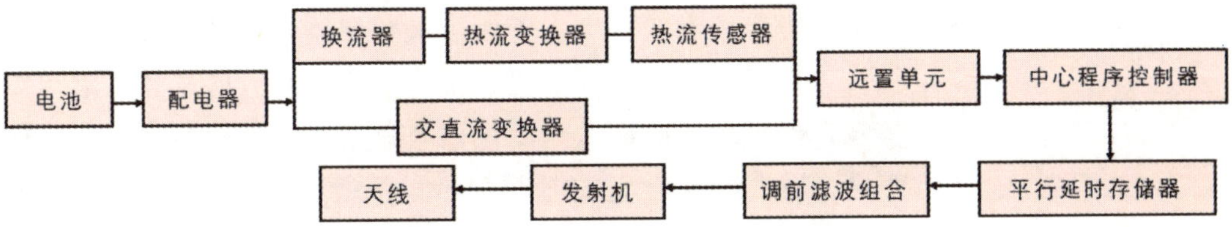

地面设备对箭上信息流进行逆变换。测量信号变换调制发射后，地面设备接收、解调分路还原成被测物理量。地面传输设备由天控、信道、视频、传输网络及处理等部分组成：天控部分可自动控制接收天线始终朝向飞行火箭，有效接收电磁波信号；信道部分将接收的载波信号还原成综合群信号；视频解调将综合群信号转换成单路信息。

长征2F载人火箭的遥测系统分别在一、二级各配置了一套S波段的可编程遥测数据采集传输设备。传输设备采用星形串总线、集中／分布式、可编程的数据采编方案，将被测信号按测点位置，就近分组采集、编码，减小长线传输信号带来的测量误差。

知识链接

编码和帧

采样后的样点值序列是一个脉冲序列，对应的每路信号幅值都是连续变化的，将其转化为数字信号，就要进行量化，用代码表示量化采样值的过程即为编码。将多路遥测信号至少采集一遍而构成的循环数据格式称为帧。

2．火箭的眼睛
——图像测量系统

图15－3 箭上数字摄像机安装位置

在长征2F载人火箭遥测系统成功设计的基础上，设计了一套可视系统，即图像测量系统，它能使地面看到运载火箭一系列飞行动作的画面。

图像测量系统的箭上设备主要包括数字摄像机（图15－3）、图像预处理器、图像综合控制器、中心程序控制器和发射机。

数字摄像机拍摄到的图像经图像预处理器压缩后传入图像综合控制器，图像综合控制器将两路图像数据接收、整形；根据要求，对两路数字压缩图像数据分时切换控制，使用一条图像传输通道，不同时刻传送不同的图像信息。数字图像数据进入中心程序控制器，编入无线信道数据流，经发射机、发射天线，下传至地面。地面解码设备将接收到的数据流分离出图像信息，经解压还原后送到图像信号显示及存储设备进行播放和存储（图15－4）。这样通过显示设备就可以适时观看到火箭的工作画面。图像显示计算机同时还具备对图像信号的放大、回放等功能。

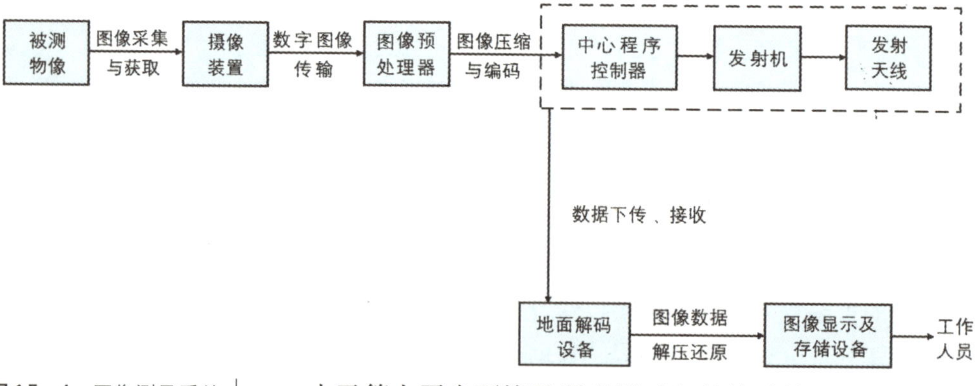

图15－4 图像测量系统流程图

由于箭上恶劣环境及所观测对象的特殊性，图像测量系统对镜头成像能力有特殊要求（如冷热突变、明暗突变等）。为适应箭上的特殊环境，应用特殊的成像设备，并对现有设备进行技术改进。例如：为适应发射场、塔架及火箭飞行中的温度影响，对安装在火箭外表面的摄像机采取了必要的保温措施；而对于飞行中整流罩抛罩前后光线的明暗变化、箭体转动时可能出现的迎光和背光位置交替现象等则采用增加照明设备、补充光线、提高照度来解决。

3．火箭飞天的诊断点——遥测参数测点

医生用听诊器测血压、数脉搏、听心率，诊断人的健康状况。火箭通过遥测测量各种信息，并以此来判断火箭各系统工作状态并监视飞行情况。火箭遥测系统测量全箭各系统的参数状况见表15－1。

表15–1　测量参数统计一览表

系统名称	数量	Ⅰ类	Ⅱ类
总体	143		77
环境	147		
控制系统	138	12	23
控制时串指令	51		5
伺服机构	24		
动力装置系统	140		66
推进剂利用系统	6		
外测安全系统	22		
故障检测处理系统	52	12	1
遥测系统	46		
逃逸飞行时遥测参数总数	103		
总计	872		

注：保证航天员安全的箭上自动逃逸判据参数称为Ⅰ类参数，地面判据参数称为Ⅱ类参数。

参数测点类型众多，涵盖了火箭各系统、部件和单机。例如：对控制系统、推进剂利用系统、故障检测处理系统、外测

安全系统的电源电压测量；各电器单机的输出测量；动力各部件信号测量；飞行状态及部段分离信号测量等。通过遥测参数测量可迅速得出飞行正常与否的结论，经过相关分析可对各系统做出性能评估，遇到故障时可迅速查到“生病”的部位。

遥测系统的职责包括：

1）待发射阶段。在航天员进入飞船后，从发射前60分钟起，向总体网传送用于地面故障监测的Ⅰ、Ⅱ类参数处理结果；在射前30分钟后，向箭上故障检测处理系统传送Ⅰ类参数。

2）飞行阶段。为箭上故障检测处理系统实时传送Ⅰ类参数；为地面故障判断实时提供Ⅱ类参数；测量、记录、发送火箭在飞行中的测量参数。

3）飞行任务后。处理、提供全部遥测参数测量结果。

值得一提的是，载人火箭使遥测系统已从以往不影响成败的系统变为与航天员安全和火箭飞行成败息息相关的系统。将来还会增加更多的测控方法来进一步保障航天员安全及火箭飞行。

4. 跟踪火箭的千里眼
——轨道测量系统

火箭飞行在浩瀚的天空中，地面指挥员如何知道火箭在空中的飞行位置和速度呢？这就要靠被誉为千里眼的轨道测量系统发挥作用了。

轨道测量系统有配置于空间的天基测量系统和配置于地面的陆基测量系统。利用这两个系统，目前有3种方法帮助地面指挥员了解火箭在空中的位置和速度。

第1种方法是利用火箭的遥测系统向地面发出由火箭控制系统给出的火箭有关信息，地面接收站收到信息后，经过计算机处理，将火箭的位置和速度信息传递给指挥员，这样地面指挥员就知道火箭在空中的飞行位置和速度了（图15－5）。

第2种方法是利用陆基轨道测量系统，即利用地面雷达和箭上的合作目标（如应答机等）获取火箭在飞行中的位置和速

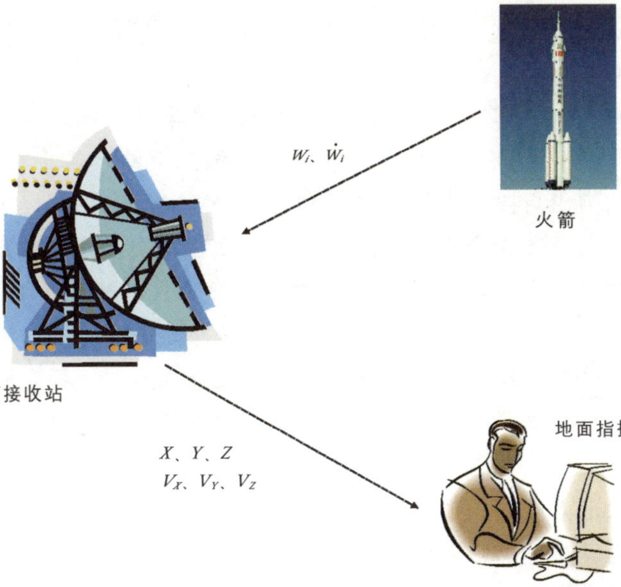

图15-5 利用遥测数据确定火箭位置和速度

图中W_i、$\dot{W}_i$(i=x、y、z)为火箭控制系统测量的火箭视位置和视速度，用遥测系统传送到地面；X、Y、Z和V_X、V_Y、V_Z为指挥员所需要的、火箭在空中飞行时某个直角坐标系的位置和速度数据（该数据由地面计算机解算W_i、$\dot{W}_i$获得）

度（图15-6），长征2F载人火箭采用的就是这种测量方法。

轨道测量系统不能直接测出火箭在3个方向上的位置和速度（即X、Y、Z和V_X、V_Y、V_Z）。火箭的合作目标配合地面雷达获取火箭的位置和速度信息与测量体制（或方案）和测量元素

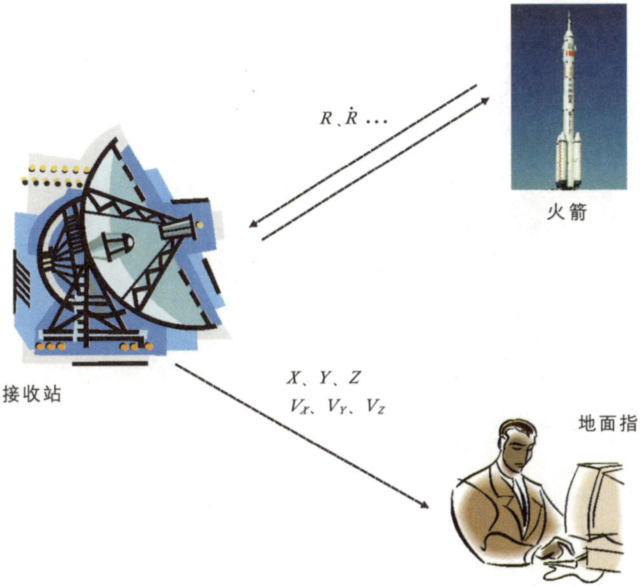

图15-6 利用地面雷达确定火箭位置和速度

R、$\dot{R}$是地面雷达站至火箭的斜距和斜距的变化率；X、Y、Z和V_X、V_Y、V_Z为指挥员所需要的火箭在空中飞行的位置和速度数据

（如距离、距离和、距离差、距离的变化率、距离和的变化率、距离差的变化率、角度及其变化率等）密切相关，不同的测量体制和测量元素构成了不同的测量系统。我国测控网在地面配置了若干台脉冲雷达，构成了脉冲雷达测量链路。

在动力飞行段，火箭的位置和速度是随时间变化的，为了实时确定火箭在3个方向上的位置和速度等6个未知参数，从数学的角度出发，就需要测出6个已知参数去求解6个方程，从而得到位置和速度参数。我们就利用脉冲雷达链的3台地面雷达与火箭的合作目标——脉冲应答机配合测出3个径向距离和3个径向距离的变化率，从而获得火箭的3个位置参数和3个速度参数。

如果地面脉冲雷达链3个脉冲雷达同时跟踪火箭，3部雷达跟踪的径向距离分别为R_1、R_2、R_3，则有如下公式

$$\begin{aligned} R_1^2 &= (X_1-X)^2+(Y_1-Y)^2+(Z_1-Z)^2 \\ R_2^2 &= (X_2-X)^2+(Y_2-Y)^2+(Z_2-Z)^2 \\ R_3^2 &= (X_3-X)^2+(Y_3-Y)^2+(Z_3-Z)^2 \end{aligned} \quad (15.1)$$

式中 X_i、Y_i、Z_i（i = 1、2、3）——分别为3个地面雷达站在直角坐标系的3个分量；

X、Y、Z——目标在直角坐标系的3个分量。

公式（15.1）的几何意义表明：火箭的位置在3个球面的交点上被唯一确定。只要测得3个地面站相对于火箭的径向距离，就可以通过地面计算机确定火箭在飞行中的实时位置。

确定火箭的飞行速度，就是确定火箭飞行时轨道测量系统的载波频率变化，即物理学上的多普勒效应。知道了载波频率的变化，火箭的飞行速度在测量点和火箭连线方向的分量V为

$$V=\frac{f_\mathrm{d}}{f_\mathrm{s}}C \quad (15.2)$$

式中 f_d——载波频率的变化，即多普勒频率；

C——光速；

f_s——地面雷达的发射频率。

用脉冲雷达确定火箭速度一般有两种方法：一是地面雷达

知识链接

多普勒效应

多普勒效应是指观测者与波源之间有相对径向运动时，观测者测得的波频率与波源发出的波频率不同的现象。这一普遍现象是奥地利物理学家J·C·多普勒在1842年首先发现的。

日常生活中容易观察到的多普勒效应如：鸣着汽笛的火车快速驶过时，路旁的人所听到的汽笛的声调（频率）由低变高，然后又由高变低。

终端获得发射主谱线变化的多普勒频率，由地面站计算机计算出火箭的径向速度；二是利用已获得的距离数据，用微分平滑的方式在地面站计算机的运算下，获得火箭的速度数据。

第3种是天基轨道测量系统，即利用GPS、GLONASS或即将配置的伽利略导航系统以及我国自主研制的卫星导航定位系统来确定火箭的位置和速度信息（图15−7）。改进型长征2F载人火箭将采用此种方式。

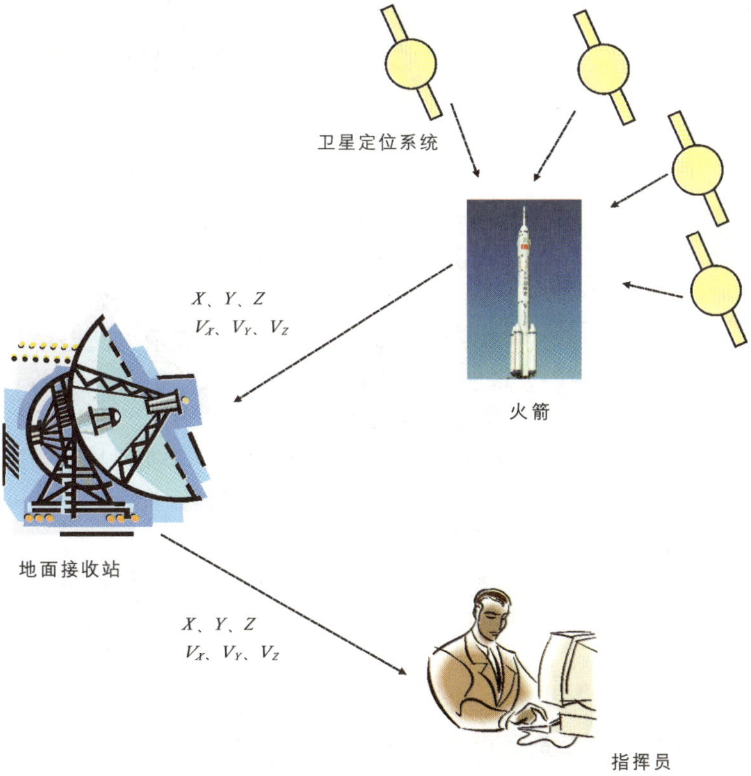

图15−7 利用卫星定位系统确定火箭的位置和速度

X、Y、Z和V_X、V_Y、V_Z为火箭在空中飞行的位置和速度数据

5. 航区安全的保护者
——安全控制系统

安全控制系统是防止火箭发生飞行故障时火箭对地面人员、设施造成伤害的保护系统。一般情况下，这个系统是不使

用的，只有当故障火箭危及地面设施和人员安全时，该系统才工作，即在空中尽可能选择最佳时间炸毁故障火箭。

(1) 故障火箭的判定

判定时，地面指挥员首先需要能反映火箭工作状态的信息，这由轨道测量系统和遥测系统提供。反映火箭状态的信息有姿态角（俯仰角、偏航角、滚动角和弹道倾角）、发动机参数（燃烧室压力等）、火箭飞行的速度和火箭飞行的位置。火箭发生故障时，最敏感、最能反映故障现象的参数依顺序分别是火箭飞行速度、发动机参数、姿态角和火箭飞行位置。火箭因飞行任务的不同采用的飞行状态判断参数是有区别的。下面以图 15－8 所示的常用速度参数为例进行分析。

图 15－8 速度参数判断曲线

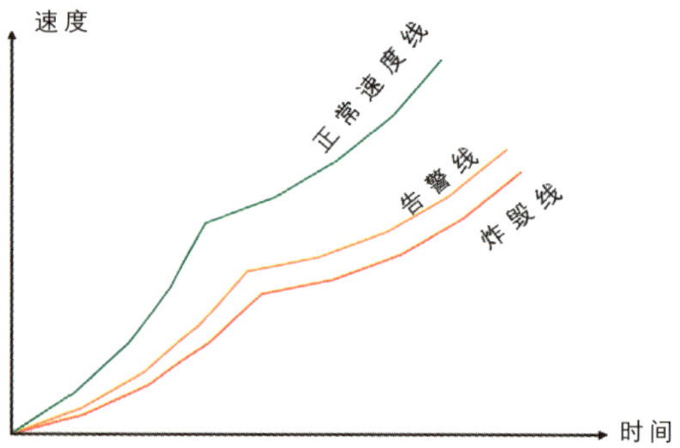

火箭飞行过程中，若实时显示的速度轨迹接近告警线，则表示火箭已经处于故障飞行的极限，说明这次任务飞行已经失败。当然，判断一次任务的成败是多种参数综合判断的结果，以一两个参数为主，多个参数辅助判决才能确定火箭是否终止飞行。若实时显示的速度轨迹接近炸毁线，则表示故障火箭已无可挽回，安全指挥员可择机发出炸毁指令，炸毁故障火箭。

正常速度曲线是预定的火箭飞行速度；告警线是根据火箭弹道的偏差管道、速度参数测试误差和做图误差三者均方根和的综合曲线下限，是火箭处于故障极限飞行的一条曲线，故障火箭的判断就是以这条曲线为基础的；炸毁线是在告警线的基础上考虑一定余量做出的一条曲线。

(2) 故障火箭的处理

如果某一判断故障的主参数趋近或超过参数允许的告警线，则表明此时火箭已处于故障飞行状态，需要指挥员特别注意，密切关注火箭的进一步发展趋势，若判断参数的轨迹继续向炸毁线逼近，此时指挥员就要考虑是否处理故障火箭。

故障火箭的处理一般有两种方法，一是当火箭没有运载航天员，而故障火箭可能危及地面和国家安全时，将故障火箭在空中炸毁；若故障火箭没有危及地面和国家安全时，可以让故障火箭继续飞行，尽量多地获取遥测参数，为事后的故障分析提供更多的数据。二是当火箭载有航天员时，只有当航天员逃逸到安全区以后才能按上述原则处理故障火箭。

当指挥员确定炸毁火箭时，指挥员发出炸毁命令给地面安全控制站，安全控制站将事先装订的指令发给火箭，火箭的安全指令接收机收到指令后，进行译码，发出信号，引爆火箭上的引爆器和爆炸器，完成火箭炸毁任务（图15－9）。

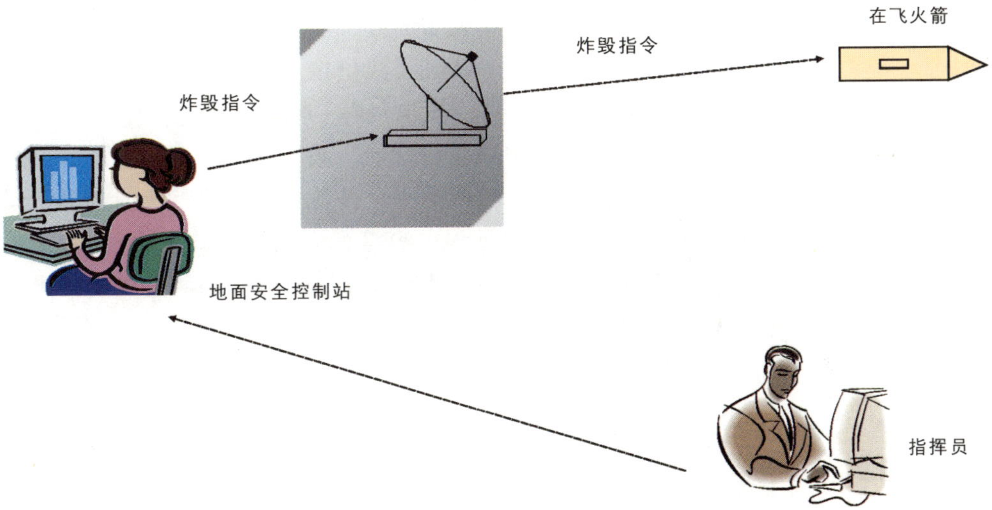

图15－9 火箭炸毁过程示意

（3）火箭故障时如何保护航区地面安全

故障火箭爆炸以后，对地面设施的破坏和人身伤害主要由下列因素引起，一是爆炸后的冲击波产生的超压；二是火箭爆炸后有毒的残余推进剂造成的污染；三是故障火箭的碎片对人的伤害。

为了避免上述3个因素造成对地面设施的破坏和对人身的伤害，故障火箭在空中爆炸、并且爆炸点远离伤害物（或人员）15千米以上是最优选择。以图15－10为例来说明火箭故障时是如何保护航区地面设施和人员安全的，这里所说的航区地面安

图15-10 航区地面安全保护（落点预示）图例

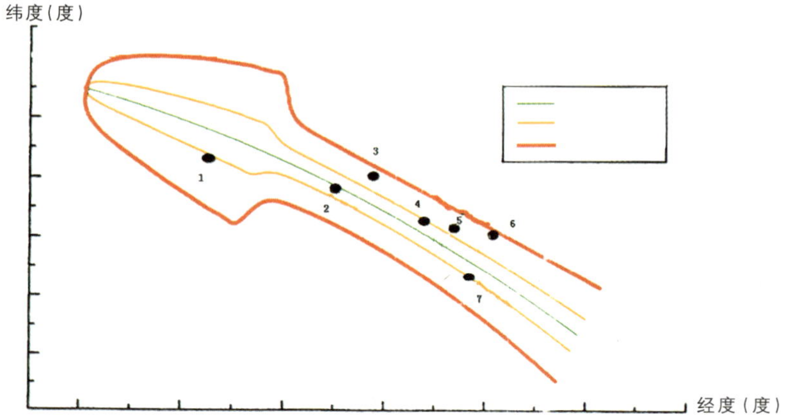

全主要是指航区大、中城市的安全保护。图中以火箭落点的经纬度绘制而成。中间一条细实线是正常飞行火箭的实时落点轨迹，向外依次是故障火箭飞行实时落点轨迹的告警线和炸毁线，圆点为需要保护的城市范围。城市保护范围是根据城市规模大小、火箭残骸的散布范围、设备测量误差、做图和显示误差、决策以及执行时延误差等综合而成。

在火箭飞行中，地面测控设备实时跟踪和测量火箭的飞行轨迹，计算机实时将飞行轨迹的各种供安全判断的参数显示在大显示屏上，一方面计算机根据事先装订的程序进行飞行轨迹判断，另一方面安全指挥员也在对显示屏的各种参数进行仔细观察。当计算机依据安全判断准则发现飞行火箭有故障现象出现，并且飞行火箭飞行的轨迹已经接近告警线时，向指挥员发出告警信号，此时指挥员密切观察故障火箭实时落点预示图，注意落点轨迹的变化情况，同时指示地面安全控制站向故障火箭发出解除炸毁保护信号。当计算机判断结果再次发出故障火箭可以炸毁的信息时，指挥员根据落点预示轨迹进行紧急判断，若落点轨迹未停留在保护城市上空不动，而是继续移动，则可以选择在空中延时炸毁，以更多地获得一些故障火箭的遥测信息，供事后故障分析使用。当故障火箭的落点预示轨迹在保护城市上空不动时，则指挥员立即对地面安全控制站下达炸毁口令，由地面安全控制站向故障火箭发出炸毁指令，故障火箭的安全指令接收机接收该指令后，正确译出指令码去控制故障火箭的炸毁。

第十六章

飞天前控制系统的全面体检

——地面测试发射控制

一个有经验的司机，当要驾驶汽车进行长途旅行时，要做的第一件事就是对汽车进行一次全面保养，也就是给汽车做个体检，以保证车况良好。

同样，火箭出征前的体检也是必不可少的。有人把发射火箭称为“玩火的事业，不可失败的事业”，火箭一旦点火就不可逆转，载人火箭更是人命关天。所以在火箭长途跋涉前，一定要做一次重要的体检。

1. 控制系统的全面体检医生
——地面测试发射控制系统

火箭飞天前，必须使火箭和地面发射设备均处于良好的技术状态，要检查发射设备及火箭性能、参数是否符合技术要求，以保证火箭飞行的成功。火箭飞天前的体检，有大量的准备工作要完成，这个工作由地面测试发射控制系统来实现。地面测试发射控制系统由测试和发射控制两大部分组成：测试部分主要对飞行控制系统进行检查测试；发射控制部分主要完成对飞行控制系统的供配电、火箭发射进程控制及点火发射。图16－1为地面测试发射控制系统基本组成原理图。

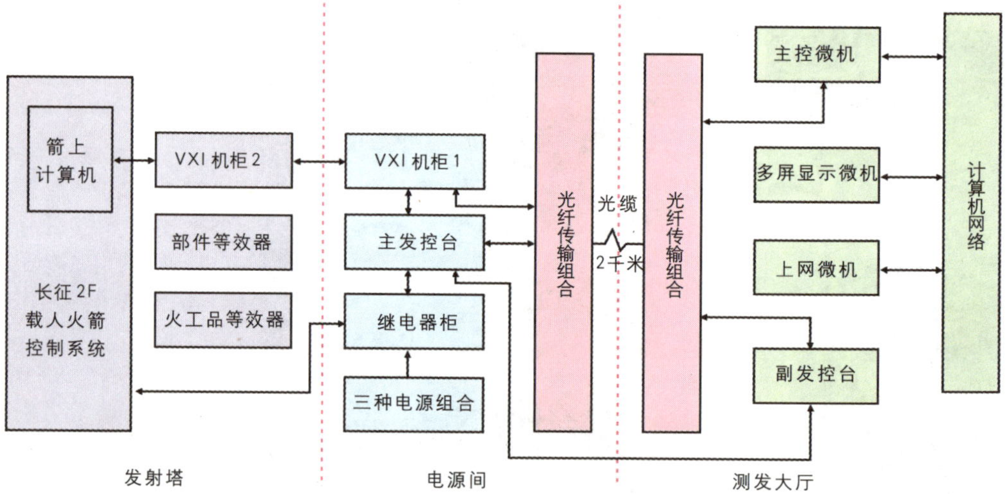

图16－1 地面测试发射控制系统基本组成原理图

火箭发射时存在很大的危险性。为保证发射人员的安全，发射操作人员和技术人员需远离危险区，为此，测试、发射控制功能检查的操作人员都在地下室或远距离处进行操作。为了保证测试发射人员的安全，发射长征2F载人火箭的酒泉卫星发射中心分为两个场区，一个是技术区，一个是发射区，两个场区相距1.5千米。测试发射人员集中在技术区，两个场区之间的设备使用光纤和电缆进行通信，实现远距离测试发控。

根据远距离测试发射要求，地面测试发射控制系统主要包括三个部分：后端、前端、通信线路。

后端为指挥控制中心，完成指挥命令的下达，向前端设备发出操作指令，接收前端设备传来的测试信息，实时显示前端设备和火箭的状态信息。完成与 C^3I 系统通信以及待发段火箭故障诊断的功能。

前端安置在火箭近旁的地下设备间或发射塔设备间，直接对箭上及地面设备进行控制，完成火箭的测试和发射。其功能是：接收后端的操作、测试指令，按照指令自动完成控制操作、参数采集、电源供配电、执行发射程序等动作，并将测试、操作的结果发送到后端。

前后端通过光纤完成远距离数据交换。

2. 飞天前进行全面体检

（1）火箭飞天前的全面体检必不可少

为保证火箭飞行成功，使火箭不带任何问题、故障去执行飞行任务，在点火发射前需用地面测试发射控制系统再对火箭进行全面检查测试，确定完全合格后方可发射。

地面测试发射控制系统是火箭进行综合测试和控制发射的主要系统，也是火箭发射前人机对话的主要接口。发射前通过箭地连接电缆，对火箭各电气系统的各种性能、箭体、发动机系统的电气部分等进行检查测试，通过测试结果的判读和分析，对火箭性能品质作出评价，决定是否可以发射。经过测试符合发射条件的火箭，要由测试发射控制系统对火箭上的仪器设备供电、启动、测量，并监视控制、遥测、外安、故检和推进剂利用等系统是否准备好，电源是否转换好。

火箭经过测试，与发射有关的信号都被送到发射控制系统，在火箭满足测试发射条件后，要使火箭的制导系统进入发射航向，进行初始调平对准，准备按程序进行控制发射。

在发射过程中，火箭和地面设备都有可能出现问题和故障，必要时，测试发射控制系统要在火箭已点火但未离开发射台时发出紧急关机指令，以免火箭起飞发生更大的损失。

从火箭的发射倒计时开始进入关键时期，要对各种影响发射的故障有充分的应对策略，对出现的问题进行及时补救，保证火箭准时顺利发射。

(2) 射前检查测试的特点

火箭已处于待发射状态，射前检查测试不同于平时的测试，主要对涉及火箭安全的关键项目进行测试，要求做到：测试检查要全面，检查影响飞行成败的所有部分，不遗漏，要100%覆盖；检查测试结果确切、可靠、有效；保证火箭发射的高度安全，不能因检查测试或检查测试中的差错引发安全事故（此时的火箭已处于待发射状态，所有的火工品都已安装和连接，推进剂已加注）和技术事故（损伤设备）；由于时间和条件限制，检查测试操作要简单、迅速、易行，以满足发射窗口的要求。

(3) 射前检查测试包括哪些主要内容

射前检查测试的主要内容包括：检测确定所有设备是否为无故障正常工作状态，初始状态是否正常；系统的性能参数是否在规定的合格范围内；箭载计算机装订的软件是否正确，运行是否正常；惯性测量设备的初始对准是否满足规定的要求；箭上电源及其他关注的部分是否在合格范围内。

3. 火箭体检合格发出射前指令

(1) 什么是火箭发射倒计时程序

在地面射前检查测试完成后，火箭接受指令，转入待发状态，只要一声令下，火箭就会飞向太空。这些动作的指挥和完成者就是地面测试发射控制系统。

火箭要完成发射任务，除本身需符合发射条件外，还要有发射场、遥测系统、外测系统和地面勤务保障系统的配合与支持，以及合适的气象条件等。发射是有严格时间要求的，为严格把握火箭的起飞时间，火箭发射进程采用“倒计时”方式，把规定的火箭点火时刻定为时间零点，称为“0 秒”，然后向回倒着计算时间，称为“倒计时”。倒计时的时间称为“负 X ”。例如，火箭起飞前 2 小时称为“负两小时”，起飞前 30 分钟称为“负 30 分钟”。进入发射程序的所有工作项目都需按倒计时的时间排定，当倒计时时间到达“0 秒”时，就进行火箭点火发射。

一般倒计时开始之前，火箭推进剂都已加注完毕，倒计时的长短随火箭的不同而有所差异，一般都需要几个小时；进入倒计时后，就要严格按排定的时间完成规定的操作。

进入倒计时后，测试发射控制系统的工作可分为两个阶段：前期阶段是完成对飞行控制系统的各项检查测试和发射状态的确认；后期阶段称为临射阶段，实施发射程序控制直至点火发射。图 16－2 是临射阶段发射控制的主要工作项目和程序。

图 16－2 中上面的时间为倒计时时间，对应的下面长框中

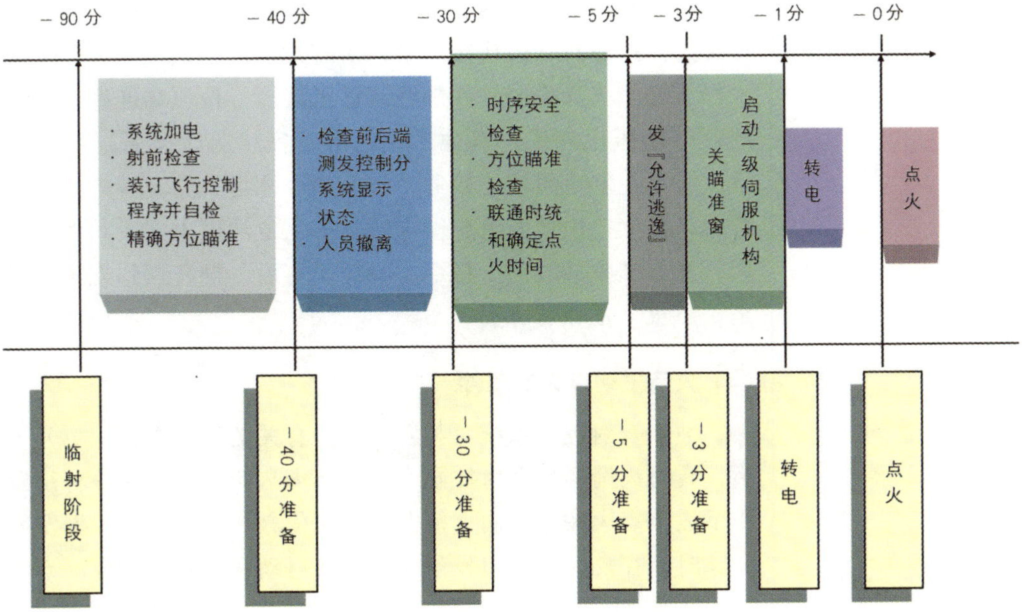

图 16－2 临射工作项目和程序图

知识链接

转电

在火箭点火前某一时刻，火箭各电器系统由地面电源供电转为箭上电池供电，称为“转电”。

为进程的指挥指令，这些指令可自动进行，也可以口令下达；中间的内容为在该阶段进行的操作项目，这些项目可自动完成，也可手动操作完成。在这些项目中，转电和点火是两项重要的操作。

(2) 给火箭发出电源转换指令

飞行控制系统在飞行前由地面电源供电。发射控制系统设置了符合飞行控制系统和地面测试发射控制系统要求的各类电源，主要包括为飞行控制系统和地面测试发射控制系统自身电子电路供电的直流电源、为执行机构提供能源的直流或交流电源，以及为火工品供电的电源等。这些电源可能有多个负载，电源与负载及操作者的距离很远，所以一般都是遥控操作并按负载端电压进行自动调压。为确保供电的安全可靠，电源采用冗余设计，当主电源发生故障时，备份电源发挥作用，仍能保证正常供电。其他电气系统的电源也大体类似。

火箭的发射是严格按规定流程进行的，为防止因流程错误而引发安全事故，在关键操作点都设计有连锁条件电路，只有设置的条件满足后，该操作才有效。

转电和点火就是两个重要的关键操作点。转电的条件是所有接插件按飞行状态连接正常、所有设备都已供电并处于正常工作状态、飞行控制软件都已装订无误、方位已瞄准好、推进剂贮箱增压已完成、其他系统已准备完毕等，具备这些条件后，转电控制电路才能接通，转电指令才可执行。转电指令执行后，确认已由地面电源供电转到箭上电池供电并无其他异常后，发出“脱插脱落”指令。脱插脱落后，摆杆摆到规定位置是“点火”的前提条件。

(3) 火箭发射点火的条件

地面发射控制系统对与发射条件有关的信号进行综合分析后，要对火箭实行发射控制。火箭点火有两种方式：一种是操作手按下点火按钮，向火箭发出点火信号；另一种是根据发射倒计时，在发射 0 秒时发射控制设备自动发出点火信号。不管采用哪种方式，执行点火的动作需要满足规定的条件才能继续，否则，发射程序将不能继续进行，火箭也不能发射。

点火条件包括：完成对火箭动力系统每个贮箱的增压，气管正常脱落；摆杆摆开；火箭的控制系统、故障检测处理系统、遥测系统、外测安全系统等工作正常；火箭瞄准好了发射方位；火箭的飞行程序运行正常；飞船自检正常，允许火箭点火发射；火箭的各电气系统由地面电源供电转到了箭上电池供电；火箭和地面的脱落插头正常脱落；发射塔架的摆杆正常摆开。这些点火条件任何一条不满足都不能进行点火发射。

（4）火箭的点火过程

当火箭发射倒计时到 0 秒时，竖立在发射台上的火箭尾端喷射出像火龙般的火焰，在这条火龙的推动下火箭缓缓离开发射台并迅速加速升上天空，谁敢去点燃这样大的火焰？这条巨大的火龙是怎样被点燃的呢？

火箭飞行是靠发动机的推动，液体发动机是通过将燃料和氧化剂混合在一起燃烧，形成高温高速的喷射燃气流而产生推力；所谓“点火”，就是启动发动机使其产生推力，推动火箭起飞。

点火过程如图 16－3 所示。点火指令发出后，首先输出指令引燃燃料阀门的电爆管，让燃料阀门打开并使燃料流入发动机，迟后一点时间再输出指令引燃氧化剂阀门的电爆管，让氧

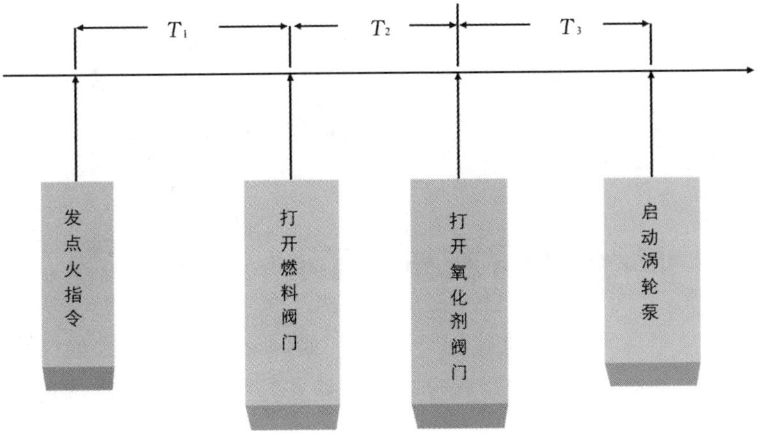

图 16－3 点火过程

化剂阀门打开并使氧化剂流入发动机，再迟后一点时间输出指令引燃涡轮泵火药器，使涡轮泵启动。

由于燃料和氧化剂管路的长度不同，会使燃料和氧化剂流到发动机燃烧室的时间不同，为使燃料和氧化剂同时流到发动机燃烧室，打开燃料阀门与氧化剂阀门的指令相隔 T_2 时间。再经过 T_3 时间，燃料和氧化剂都流到发动机燃烧室并燃烧后，启动涡轮泵使推进剂流量增加，推力上升到额定推力，推动火箭起飞。

（5）点火后发生故障怎么办

火箭发射本身就是一项高风险的活动，火箭和地面支持系统都有可能会出现故障。发动机点火之后若发生故障，导致推力不够而不能正常推动火箭起飞时，如果不将发动机关闭而任其燃烧是非常危险的，可能造成灾难性后果。为防止此类事件的发生，地面发射控制系统设计有“紧急关机功能”。所谓紧急关机，就是当发动机点火后不能正常产生推力时将发动机关机。紧急关机的过程在数秒内完成。

（6）如何紧急关机

定时方案是在发动机点火之后的某一规定时间，火箭未起飞，通过脱拔插头向火箭发出关机指令去关闭发动机。脱拔插头是安装在火箭尾部与地面发射控制系统连接的插头，该插头靠火箭起飞时拔动其芯杆而脱开，故称脱拔插头。发动机工作正常时，在一定时间内推动火箭飞离发射台，脱拔插头自动脱开，关机指令无法发至火箭；若发动机工作不正常，不能推动火箭飞离发射台，脱拔插头仍与火箭连接，则关机指令就可发至火箭，将发动机关闭。

4. 调准火箭发射方向

火箭采用的是惯性制导方式，要保证火箭的发射方向准确，控制火箭飞行需要有一个参考基准，这个基准通常选用发射惯性坐标系。在火箭发射前要进行坐标系的初始对准，使制导系统的惯性测量坐标系与发射坐标系的各相应轴的方向一致或者将它们之间的夹角关系调整到要求的值。

发射惯性坐标系是原点在发射点，一个轴指向射向（X 轴），一个轴沿发射点地垂线向上（Y 轴），另一轴（Z 轴）与此两轴垂直的坐标系；火箭起飞前该坐标系跟随地球一起转动，从火箭起飞时刻起，该坐标系不再随地球转动，而是固定于惯性空间不再变动。图 16-4 为发射坐标系示意图，$OXYZ$ 为发射惯性坐标系，$OX_1Y_1Z_1$ 为箭体坐标系，$OX_GY_GZ_G$ 为惯性测量装置的惯性测量坐标系。

火箭制造时都加工有精确的定位基准，将测量装置安装到箭体上后，测量装置与火箭保持精确的相对位置关系。火箭发射前垂直竖立于发射台上，制导系统的初始对准就是调整惯性测量装置的测量坐标系，使其与发射坐标系相重合，也就是使 OX_G、OZ_G 轴在水平面内并使 OX_G 轴指向射向。将 OX_G、OZ_G

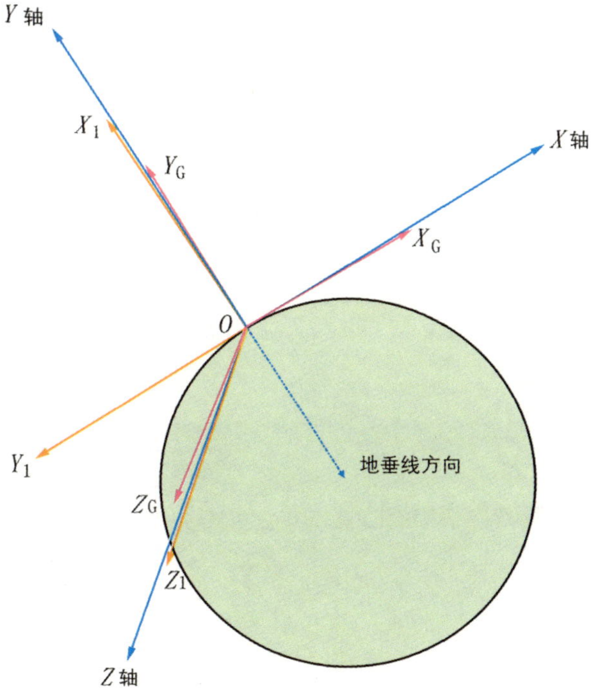

图 16-4 发射坐标系

轴调整到水平面内的方法是利用安装在 OX_G、OZ_G 轴方向的加速度计的输出信号进行调整，当 OX_G、OZ_G 轴偏离水平面时，相应的加速度计感受发射台对火箭的支反力分量而输出信号，利用该信号得到偏离水平面的误差，相应去调整测量坐标系的位置。方位测量是利用安装在惯性测量装置上的反射棱镜，该棱镜精确地与 OX_G 方向垂直，预先通过大地测量标出射向，将光电经纬仪置于该方向，并向火箭上方棱镜发出光信号，调整火箭使棱镜的反射光与光电经纬仪发出的光重合，则 OX_G 方向就指向射向了。

第十七章

载人火箭出征前的准备

—— 发射前的主要设备和工作

火箭从制造完毕到发射前，要经历运输、组装、测试、供气、供电、加注、瞄准等一系列过程，这些过程需要专用设备的支持。这些专用设备的总称就是地面支持系统。

1. 种类繁多的地面支持系统

地面支持系统在技术状态、组成及使用等方面与发射测试流程和发射操作流程紧紧相连、环环相扣。地面支持系统不但要能安全、可靠、快速地完成测试和发射流程中相应的工作，而且是多次使用的设备，即同一设备要完成多次火箭发射，还要具有良好的可维修性。

地面支持系统是由众多设备有机构成的整体，种类繁多，涉及面广。长征2F 载人火箭按垂直组装、垂直测试、垂直运输的“三垂”测试发射流程配备地面支持系统，共有7 大类，140 多种，主要有运输、吊装、供配气、地面电源、加注、瞄准及活动发射平台等设备。

2. 火箭从总装厂房到发射场的运输

(1) 最经济、最安全的运输方式

火箭在总装厂装配完毕、完成各项测试后，通过铁路运输到发射场，这是目前最经济、最安全的一种运输方式。铁路运

图17–1 火箭铁路运输车

输采用分级运输方案，各级分别为一级箭体、二级箭体、四个助推器及整流罩。由于火箭外形庞大且为薄壁壳体结构，承受弯曲和冲击的能力较小，要求运输车辆具有良好的减振性能。因此必须设计、制造既能满足铁路机车车辆限界的要求，又能满足箭体运输各项技术要求的专用车辆（图17－1）。

长征2F载人火箭铁路运输共配备6辆箭体铁路运输车、2辆转载平车、1辆整流罩铁路运输车和支撑箭体的14台铁轮支架车等设备。

（2）箭体的铁路运输

箭体铁路运输车车体为整体承载的筒形结构，两端设可全开的大端门，大端门上设一通过小门，车内铺设纵贯全车的轨道供铁轮支架车行驶，车体两端设过渡轨座，用于安装连接运输车和转载平车的过渡轨。为了降低车辆的总高度，保证运输车的通过性能和满足火箭对车辆减振性能的要求，转向架采用了专门设计的低心盘、小轮对及带油压减震器的两系减震转向架。

箭体铁路运输车车体长度为25米，车体宽度为3.72米，最大高度为4.8米，设计速度100千米／小时。转运时，首先把连接运输车和转载平车的过渡轨安装好，铁轮支架车停放在转载平车上。将箭体吊装到转载平车的铁轮支架车上，推动承载箭体的铁轮支架车，通过箭体铁路运输车的大端门进入车内的预定位置，并用拉紧器固定好。运输途中定期检查箭体固定状态。

（3）整流罩的铁路运输

整流罩长11米，直径3.8米，为薄壳型结构，分成两个半罩才能通过铁路运输。为了保护整流罩在运输中不变形，专门设计了整流罩轻型包装，每组轻型包装由九段组成，采用网格薄壁结构，最大限度地减小了外形尺寸。整流罩半罩用轻型包装包装好，铁路运输平车装载两个半罩，每组轻型包装在运输平车上倾斜45°安装固定，两组左右相错安装，合理地利用了铁路建筑限界所允许的横断面尺寸。

箭体铁路运输车及整流罩铁路运输车虽采取了多项技术措

施，但仍属于超级超限运输，因此，这些车辆均禁止溜放和通过机械化驼峰调车场。

3. 火箭在发射场的转场运输

(1) 安全稳定的火箭公路运输

火箭及整流罩运到发射场后，卸车时一级火箭、二级火箭及助推器直接吊装到转载间内的铁轮支架车上，总装时通过专用轨道推到垂直总装测试厂房。整流罩要从转载间采用安全稳定的公路运输方式，分送到整流罩总装厂房与飞船进行组装、测试，然后垂直运往总装测试厂房与火箭总装。

(2) 船／罩组合体垂直运输

船／罩组合体垂直运输车是元宝式的双轴全挂车。它主要由牵引臂、前轮组、后轮组、车架总成、制动系统、电气系统和工具备附件等部分组成，行驶时由牵引车牵引（图17–2）。

图17–2 船／罩组合体转运

组合体垂直运输车主要完成飞船及船／罩组合体在有关厂房之间的转运工作，飞船和整流罩对运输车的稳定性、平顺性都有很高的要求。运输车的行驶稳定性是指能按照驾驶员所要求的方向行驶，不发生翻车或侧滑；运输车的行驶平顺性是指车辆的减振性能，主要取决于车身的振动加速度、自由振动固有频率、振幅及响应特性等参数。

由于船／罩组合体运输时总高近12米，迎风面积大，安全性要求高，因此车架纵梁设计成元宝式，降低了车架承载面的离地高度，从而降低垂直运输车的合成质心离地高度，提高了垂直运输车的行驶稳定性。

图17－3 长征2F载人火箭逃逸塔公路运输

(3) 整流罩及逃逸塔水平公路运输

整流罩水平公路运输车及逃逸塔水平公路运输车均为平板式双轴全挂车，它们分别完成整流罩及逃逸塔在发射场区厂房之间的转运工作（图17－3）。

4. 火箭／飞船在发射场的组装

(1) 火箭箭体的组装

火箭由铁路专列运到发射场后，就开始了卸车、转载、组装、测试及总装等一系列工作，每一流程均需要相应的起吊、停放、装配设备。这是一项繁琐而程序性非常强的工作，有严格的操作规程，同时要求所用的吊装设备使用安全、操作简便。

火箭采用分级吊装、分级停放、分级运输方案，卸车时先把箭体从铁路运输车推到铁路转载平板车上，再用水平吊具吊起火箭，放到专用铁轮支架车上，从转载间通过专用轨道推入垂直总装测试厂房，进行火箭与船／罩组合体和逃逸塔的组装测试。

（2）整流罩封装飞船

整流罩封装飞船工作，是火箭系统在发射场的所有装配工作中协调关系最多，程序最复杂，技术要求最高，工作量最大的（图17－4）。

图17—4 整流罩封装飞船

整流罩封装飞船时六个自由度都需要调整，因此整流罩装配型架具有六个自由度调整能力。可以满足两半整流罩之间装配及整流罩与转接框连接时的姿态调整需求，完成飞船／整流罩的垂直封装工作。整流罩装配型架由两组架体、导轨总成、六辆双层小车和工具附件等组成。

分别起吊两个架体／半罩于导轨小车上，型架的架体与小车配合实现六个自由度调整。架体三条支腿升、降的不同组合可以实现架体的升降、俯仰和侧滚，完成架体三个自由度方向上的调整。

三辆小车支撑一个架体，每一辆装在导轨总成上的双层小车除可以沿其轨道移动外，小车的上层还能在与导轨垂直的方向上移动。其双向位移功能的不同组合为架体提供其余三个自由度的调整功能。

在垂直工作状态，移动小车使两个半罩逐渐靠近，分别调整半罩的高度和姿态，达到合罩的啮合要求。

5. 火箭在发射场的地面供配气系统和供配电系统

(1) 火箭的地面供配气系统

火箭测试、加注、发射需要高纯度压缩氮气，不同分系统需要不同参数的氮气，这个任务由火箭供配气系统来完成。

长征2F载人火箭的供配气系统包括技术区供配气系统与发射区供配气系统两大部分。两部分供配气与测试的原理基本相同，只是发射区供配气系统中增加了远控供配气和测试、进行加注与清洗泄出推进剂的功能，并随之增加了远控的供配气测控系统及其供配气远控台、清泄配气台等。

供配气系统通过其配气台、七管连接器、气浮供气连接器、金属软管、电缆等直接与火箭相连，并通过电缆与加注控制系统、发射控制系统等相连，完成对火箭的供配气、测试、加注、发射或清洗泄出推进剂的任务。

(2) 火箭的地面供配电系统

地面供配电系统是火箭发射过程中测试、发射控制和地面设备操作的主要能源，一般分为交流工频、交流中频以及直流电源。工频电源用于动力维修、测试仪器、控制设备；中频和直流电源用于火箭的测试和发射控制等。

火箭各分系统的测试对供配电品质及工作可靠性提出了较

高的技术要求，因此供配电系统共配备三种专用地面直流稳压电源。每种电源由两台单机和一个并联转接盒组成一套，并机运行。主机工作，副机备份，当主机出现故障时，可自动切换到副机。

1）一种直流稳压电源是将三相四线制工频交流电经过可控硅整流变换成自动稳压的直流电源，其输出电压可以调节（图17－5）。用于给火箭二级伺服机构单元测试、火箭地面测试及发射时紧急关机供电。

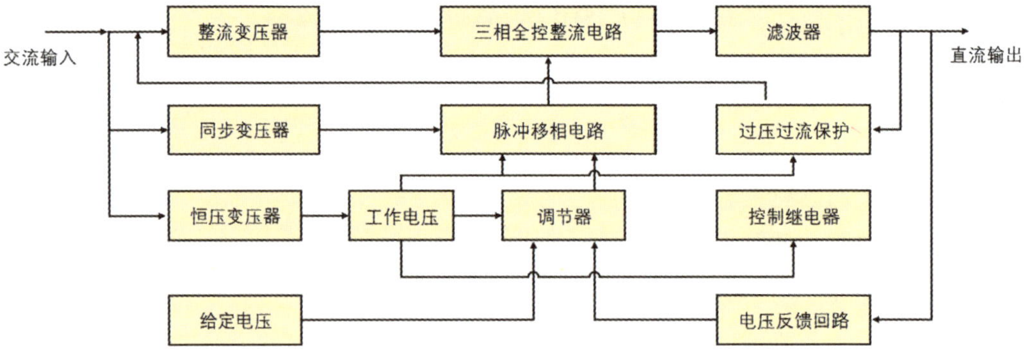

图17－5 直流稳压电源原理框图

2）另一种直流稳压电源是将三相四线制工频交流电变换成自动稳压的直流电压，具有高稳定、纹波小等优点，用于控制系统箭上仪器和地面测试设备的供电。80A 电源由可控整流及串联稳压双闭环电路组成，供电品质更高。

3）还有一种直流稳压电源是将单相交流电变换成自动稳压的直流电压，具有稳定度高、纹波小等优点，用于推进剂利用系统地面设备和箭上仪器的供电。

6. 火箭推进剂加注

(1) 各司其职的加注设备

火箭在发射工位完成功能检查、测试后，要进行推进剂加注，为火箭发射提供动力。加注设备分燃料和氧化剂两个分系统，两个分系统组成相似，均包括加注库房和塔上加注设备两大部分。

燃料和氧化剂分设加注库房，分别向火箭加注（或泄出）燃料和氧化剂。库房主要由加注程控台、液罐、卧式屏蔽泵、阀、流量计、热交换器、加注管路、回气管路、清泄支管路等设备及供配气间、电源间、卸车间、废气处理间、通风间、消防间、防护用品间等建筑组成。

发射塔上加注设备是加注库房与火箭各贮箱液路和电路的连通设备，将两个库房输送来的推进剂分别加注到各贮箱中去，并将贮箱的各液位信号及加注阀门打开、关闭等信号传送给加注库房和加注指挥中心。

（2）如何保证推进剂加注的安全、准确、可靠

推进剂加注是安全性、协调性很强的一项工作，需要火箭总体及动力分系统，发射场加注、供配气、塔勤等分系统统一指挥、密切配合来完成。加注设备使用可靠、加注量准确、加注过程安全是对加注系统的基本要求。

推进剂加注是靠泵将液罐中的液体，通过阀门、管路输送上塔，再经软管、加注连接器、火箭加注阀门，将两个库房输送来的推进剂分别加注到相应贮箱中。

加注程控台负责加注系统的指挥，实施推进剂自动化加注或泄出。分台上设有各种电、气、液路及阀门的控制开关、二次仪表和信号指示灯，分别显示加注信号台、液罐及系统传来的各项加注参数和信息。加注库房大厅墙壁上有整个加注系统流程演示图及各液罐、各泵和管路的温度、压力显示值。加注时屏幕上显示有火箭各贮箱Ⅰ、Ⅱ液位、补加的瞬时流量、累计流量和总加注量值。

7. 火箭的射前瞄准

火箭在飞行过程中的飞行方向和姿态是以相对于惯性空间恒定的惯性平台为基准的。火箭瞄准是根据已精确测量出的地面发射方位角，用激光光电自准直的方法，与发射平台及火箭控制系统配合，共同赋予火箭惯性平台精确的发射初始方位角，确保火箭的射向精度。

地面瞄准过程实质就是调整火箭的箭体坐标系和惯性坐标系与发射坐标系相平行的过程。瞄准设备由激光光电瞄准仪、导轨和基座、瞄准信号放大器、标杆仪、电源转接箱等组成。

瞄准工作一般分标定射向、粗瞄、精瞄三步完成。

图17–6为发射场瞄准配置点，图17–7为火箭瞄准系统示意图。

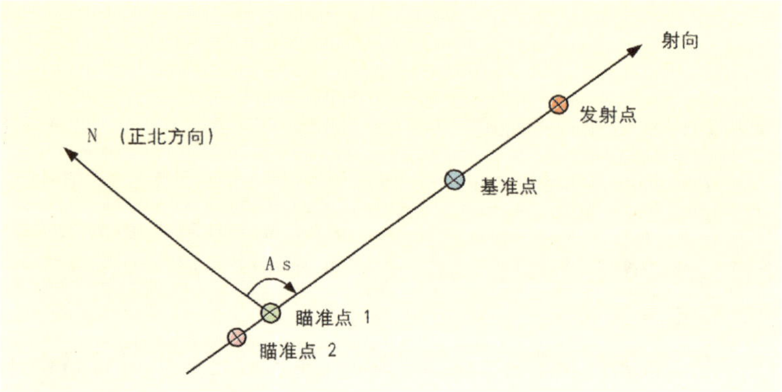

图17–6 发射场瞄准配置点

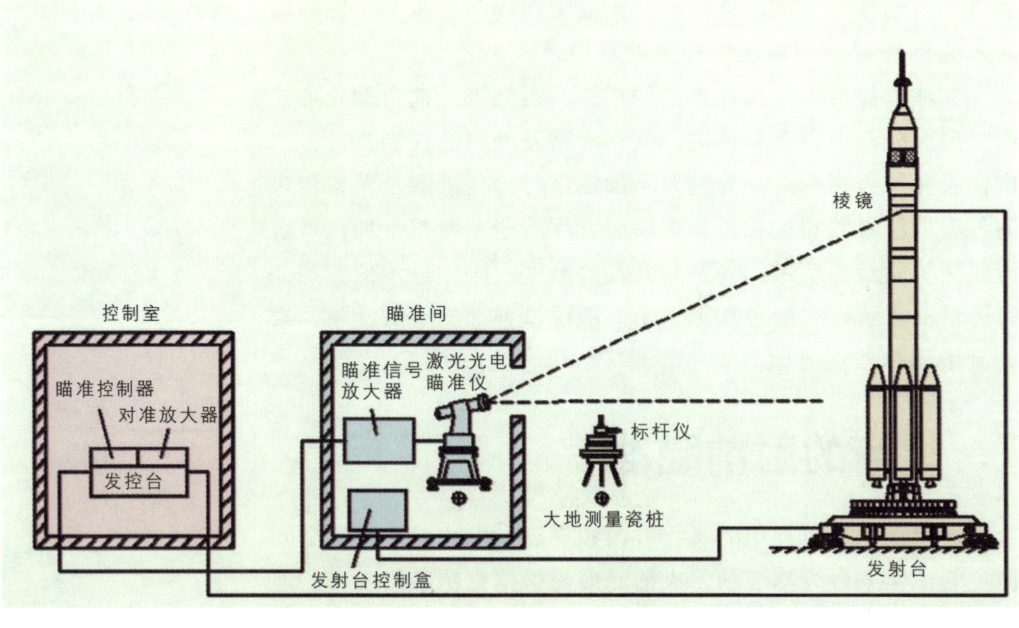

图17–7 火箭瞄准系统示意图

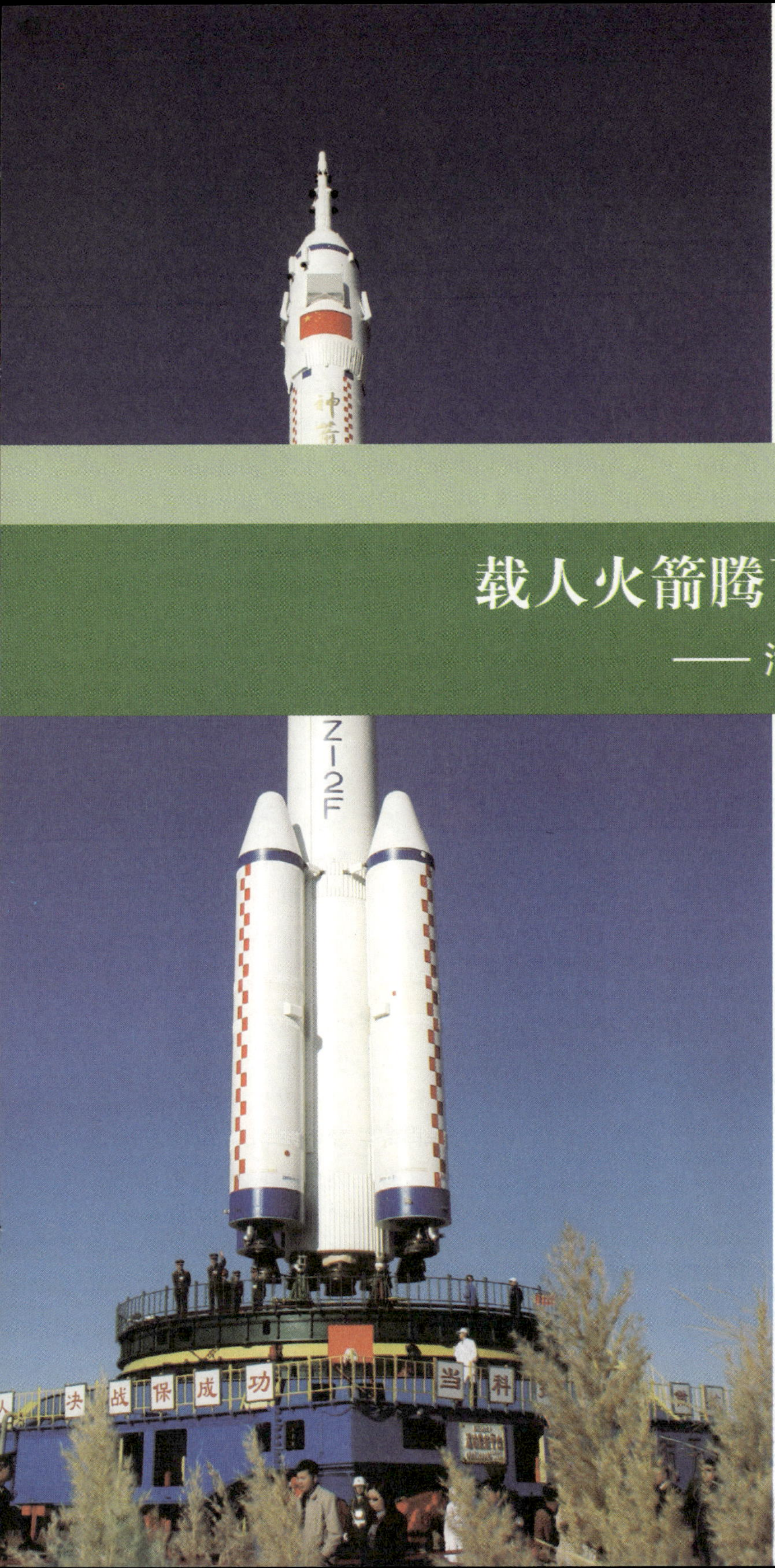

第十八章

载人火箭腾飞的起点

——活动发射平台

发射平台是火箭发射地面设备的重要组成部分，在火箭的射前准备及发射过程中，它垂直支承火箭，根据火箭控制系统的要求对火箭调平，配合瞄准，是火箭腾飞的起点。由于长征2F载人火箭的发射平台还要承担火箭垂直运输任务，因此它是一种活动发射平台。

1. 载人火箭的“三垂”发射模式

我国其他型号火箭的发射平台均为固定式发射平台，发射平台固定安装在发射工位，火箭各部段在发射工位组装到发射平台上，完成测试、加注推进剂和瞄准后进行发射。

而我国载人火箭的发射平台是活动的，称为活动发射平台（图18－1）。它是我国自主研制的第一台自行式活动发射平台，发射装置与行走机构连为一体，是按“垂直组装、垂直测试、垂直运输”（三垂）发射模式研制的，这种发射模式的特点是强化技术区、简化发射区。火箭、船／罩组合体、逃逸塔在技术区垂直总装测试厂房内垂直组装于活动发射平台上，按流程完成测试后，开动活动发射平台，将箭、船、塔整体垂直运输到发射工位，在发射工位经功能检查、推进剂加注和瞄准后点火发射。这种发射模式占用发射工位时间短，提高了在短时间内连续发射火箭的能力，为今后载人航天器的交会对接打下了基础。

图18－1 活动发射平台承载火箭运行图

整体垂直运输是火箭“三垂”发射模式的关键流程，活动发射平台是完成火箭整体垂直运输的关键设备。活动发射平台不但具有固定式发射平台的承力、调平、回转、发射、导流等多种功能，而且还具有垂直运输、准确定位、状态转换等新功能。为了实现这些新功能，在结构上增设了主框架、行走机构、转换装置及驱动控制系统。

2. 与众不同的活动发射平台

载人火箭的活动发射平台是目前我国结构最复杂、功能最齐全的一种发射平台，长24.4米，宽22米，高8.4米，自重750吨，承载长征2F载人火箭时总高度为67米，总重1 250吨。

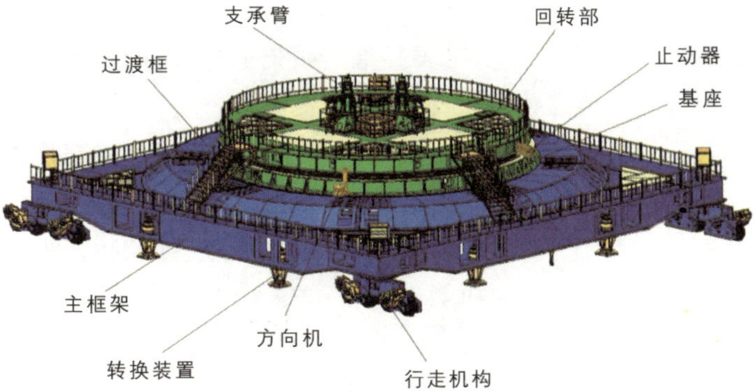

图18－2 活动发射平台（上为平台外观，下为结构模型）

活动发射平台的发射装置与行走机构连为一体，主要由回转部、基座、过渡框、主框架、方向机、止动器、行走机构、转换装置、支承臂、电气系统、液压系统等组成（图18－2）。以下仅简要介绍回转部、止动器和液压系统。

1）回转部是发射平台结构件的核心组件，直接支承火箭。中间的井字梁将弧形框围成的圆分成9个孔。中间孔的四框上分别安装支承臂，用于支承芯级火箭，这9个孔分别为芯级发动机燃气流排导孔、助推器发动机燃气流排导孔、液压系统安置孔及燃气流排导时的引流孔。

基座支承回转部，为圆形结构，由弧形框和下承环组成，其主要功能是转动箭体进行瞄准。

回转部的上承环与基座的下承环之间放入ϕ80毫米钢球及铜制隔离环各380个，组成特种推力球轴承（图18－3）。

图 18－3　推力球轴承

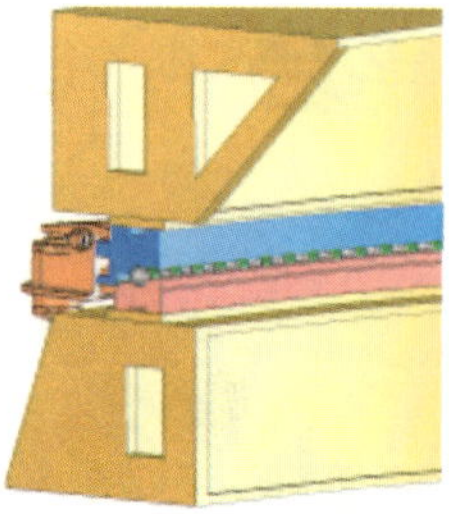

(a)模型图

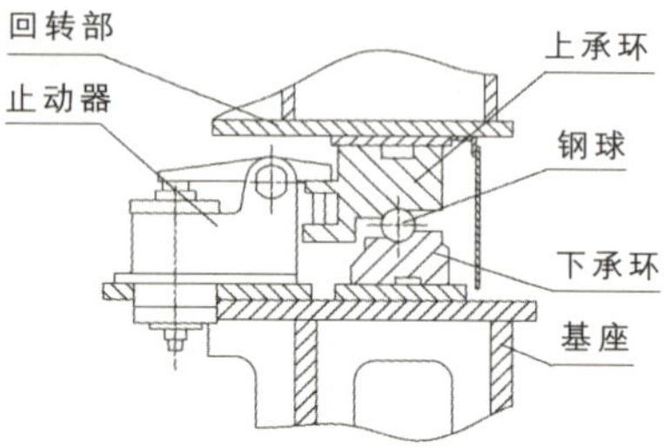

(b)剖面图

2）止动器由液压作动筒和压板等组成，运用杠杆原理，使止动器压板将回转部的上承环压紧而制动，当通入液压油时压缩弹簧而解脱制动。止动器共有四组，均布安装在基座上。止动器的功能是当回转部停止驱动时产生摩擦阻力，克服回转部的转动惯性及风载荷的影响，保持运载火箭的方位状态稳定，在火箭发射时克服火箭起飞可能产生的回转力矩。

3）液压系统主要由油箱、油泵、各种阀件、液压马达、油缸及管路组成。

活动发射平台的各项功能都是由机、液、电联合作用实现的。机械传动是执行机构，液压系统是动力源，电气系统则像人的大脑，对动力源进行控制，驱动执行机构完成动作、实现功能。

3．活动发射平台优化的结构、强健的体魄

（1）活动发射平台优化的整体动力学设计

活动发射平台总体框架结构庞大而复杂，是承载火箭发射和垂直运输的载体。活动发射平台总装完成后，进行了加载 8 000 千牛强度、刚度试验，振动模态测试以及调平、回转、运行、定位等各项性能考核。

框架结构设计除满足强度、刚度的基本要求外，其振动模

态要避开与火箭低频振动产生耦合的某些敏感频段，还要满足分段制造、分段运输、多次组装成型而保持物理特性、功能特性不变的要求。

为了满足火箭总体的技术要求，研制中对活动发射平台进行了详细的动力学分析，对影响火箭发射环境的各个因素进行评估。对大型复杂框架的18 000多个节点、10万多个自由度进行多次分析、计算，开展了对总体结构静态和动态的强度、刚度、振动模态的优化设计，使发射平台总体结构合理、协调，其固有频率避开了与火箭低频振动耦合的敏感频段，从理论上确保了活动发射平台一次研制成功。

（2）高精度的加工工艺

直径12.6米可拆卸、组装的高精度回转轴承是发射平台的关键部件，上承环和下承环的锻造、拼装、滚道弧面的切削、中频淬火等工艺为关键工艺。滚道加工表面粗糙度不高于0.8微米，经中频淬火处理，表面硬度达到HRc52～58，淬火深度不小于5毫米，确保了火箭回转的稳定性。

4. 如何保证垂直运输中火箭的安全平稳

（1）高精度的无级调速驱动控制系统

垂直运输是火箭发射工作的关键流程，一定要确保火箭安全。火箭是一个细长形柔性结构的特殊运输对象，在箭、船、塔整体垂直运输过程中，由于活动发射平台启动、加速、制动、瞬间风载、路面状态、箭体的弹性效应、有效载荷摆动，以及活动发射平台自身动力、机械的激振现象，导致火箭处在低频振动的环境下。

为避免相互干扰，活动发射平台的驱动控制装置安装在另一辆同时行进的驱动控制车上（图18－4）。

为了保证火箭整体垂直运输的安全，研制了全自动低过载

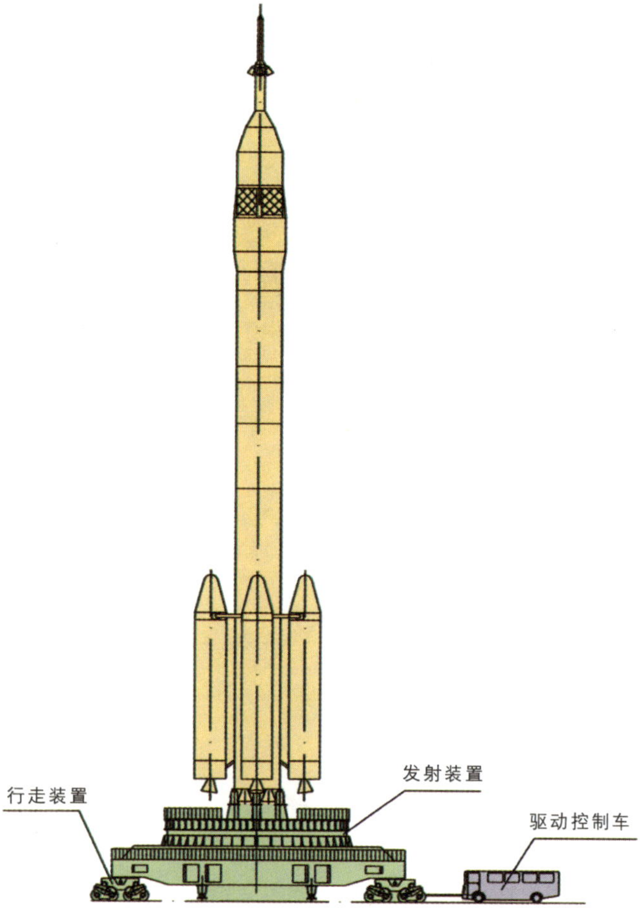

图 18－4　活动发射平台驱动控制

变频无级调速系统。该系统主要由工控机、可编程控制器、变频器、编码器、传感器和控制软件组成。

运行控制系统安装在驱动控制车内，驱动控制车与活动发射平台同步运行，为活动发射平台提供150千瓦三相电源及运行控制。活动发射平台运行时，用四台变频器分别控制四台22千瓦变频电机工作。运行控制采用计算机控制变频器的输出频率来调节变频电动机的转速，依此控制运行速度，运行时在全程1 500米距离上无级调速。每台电动机自成闭环控制，从而保证四轮组运行同步，防止活动发射平台运行中蛇行或啃轨。

（2）行走机构的自动定位设置

在活动发射平台的行走机构上装有定位传感器，在距定位点10米处装有减速块，当活动发射平台运行至此时，定位传感器发出信号，活动发射平台运行速度由高速运行自动减速至4米／分钟的低速。在通过距定位点0.5米处定位块时，传感器发出信号，活动发射平台自动减速运行，直至平稳定位，定位精度可达到±10毫米。

这种控制方式具有高效率、宽范围、易控制、高精度的无级调速特性，且具有过流、过压、过热、过载等多种保护功能，使用可靠性高。使总高67米的箭、船、塔整体垂直运输平稳、可靠。

5. 如何进行运输－发射状态转换

(1) 状态转换执行机构——转换装置

在测试发射流程中，运载火箭有测试、运输、发射三种状态，要求活动发射平台能实现与之相适应的三种状态的相互转换。

设置在主框架下的转换装置是状态转换的执行机构，运输状态时转换装置收回，其底板离地面具有一定高度，保证运行时的安全、平顺，此时由行走机构承力，驱动运行。当活动发射平台将箭、船、塔整体垂直运输到发射点准确定位后，活动发射平台需由运输状态转换成发射状态。伸出转换装置与地基刚性支承，其底板用地脚螺栓与地基垫板固连在一起，保证发射平台定位位置不因风载、推进剂加注、火箭发射等因素而移动（图18－5）。

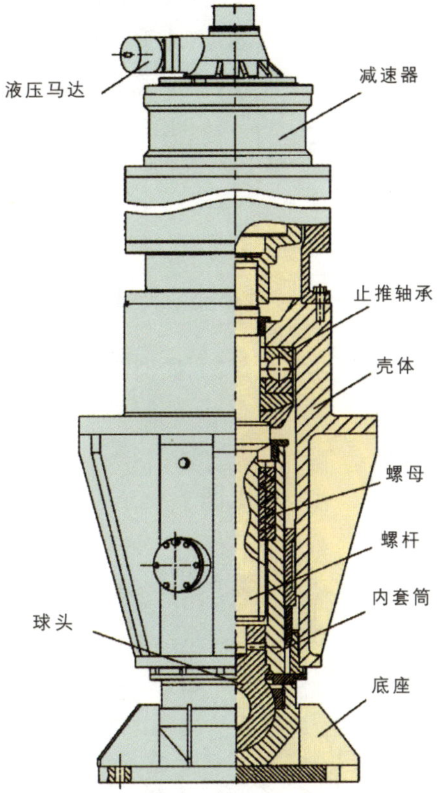

图18－5 转换装置示意图

(2) 控制转换装置的升降——多点自动调平系统

多点自动调平系统的任务是保证状态转换过程中火箭状态平稳及各转换装置受力基本均匀。转换装置的升、降由液压马达来驱动，通过电气系统控制比例方向阀来调整液压马达转速就可以控制转换装置的升、降速度。多点自动调平系统是机、电、液闭环控制系统，控制8个转换装置在全行程任意高度上升降同步。升降行程200毫米，调平角度不小于17′，升降精度在－0.5毫米和0.5毫米之间。

6. 如何保证火箭垂直挺立

(1) 如何测量火箭倾斜量

火箭竖立在发射平台上后，发射平台与水平测量仪、水平指示仪配合完成火箭的垂直度调整，使一级发动机推力线与发射点地垂线相重合，以减小火箭起飞段的横向漂移量，确保火箭安全飞离发射区。

水平测量仪安装在一级发动机机架下端面上，当火箭倾斜时，水平测量仪敏感到倾斜角，并输出相应的电压信号到水平指示仪中，由水平指示仪显示器分别显示火箭倾斜方向（Ⅰ或Ⅲ，Ⅱ或Ⅳ象限线）的角度值。同时水平指示仪将此电压信号传输到发射平台电气控制柜。

图18–6 支承臂示意图

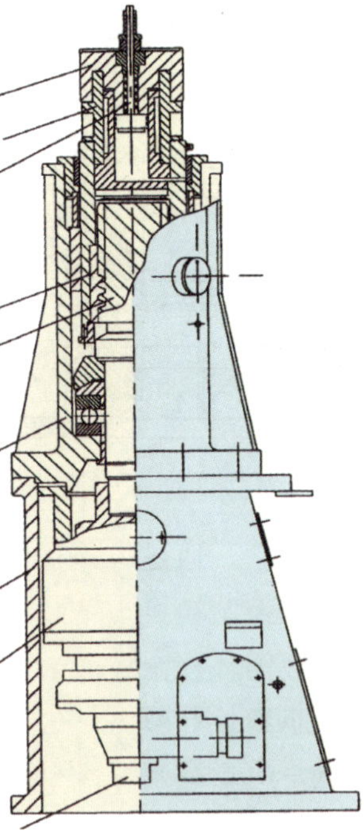

(2) 如何调整火箭的垂直度

一级火箭下端部的四个支座用防风拉杆与发射平台的四个支承臂固连在一起，火箭的垂直度是由调整发射平台四个支承臂相对行程高度来完成的。调整按Ⅰ－Ⅲ，Ⅱ－Ⅳ对角线方向进行，有自动、机动两种方式。

垂直度调整就是发射平台电气系统将电压信号放大，分别控制液压系统的Ⅰ和Ⅲ电磁换向阀、Ⅱ和Ⅳ电磁换向阀的液流方向，驱动四个液压马达正转或反转，带动支承臂升或降，当垂直度数值达到精度范围时自动停机，完成火箭的垂直度调整。

支承臂上装有高度传感器和测力传感器，调整时既要保证火箭的垂直度，又要保证四个支承臂受力基本均匀（图18–6）。

7. 如何调整火箭的发射方向

(1) 独特的方位回转系统

方位回转是活动发射平台的主要功能之一，它具有承载火箭重量的情况下，在360°范围内回转的能力。活动发射平台与瞄准设备配合完成火箭箭体的初始定向，即完成火箭的方位粗瞄准。

活动发射平台方位回转系统主要由回转部、基座、方向机(图18－7)、止动器、电气、液压等分系统组成，共同完成回转部的方位回转，而且保证方位回转必须与止动器的动作相协调，即方位回转与解脱止动同步，停止方位回转与可靠止动同步。

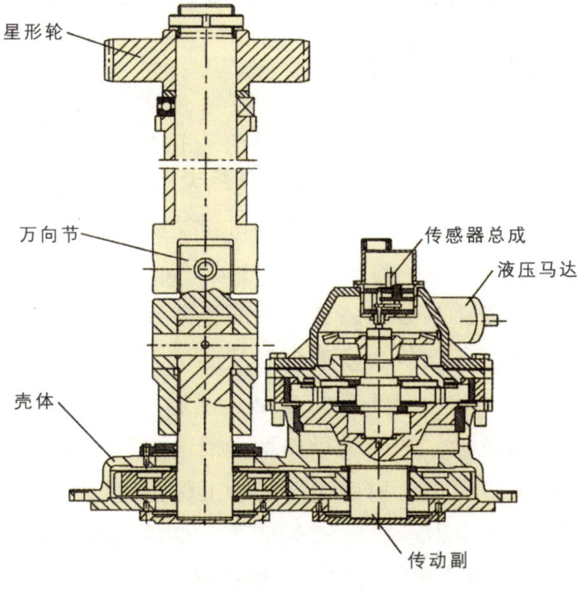

图18－7 方向机结构示意图

(2) 方位粗瞄准的方法

当火箭进行方位粗瞄准时，启动电机，油泵供油，回转发射平台，使火箭大致处于射向方位。用激光光电瞄准仪的望远镜对准安装在二级火箭上的陀螺平台棱镜，使望远镜分划板十字中心上下平分平台棱镜，开启激光源，从望远镜物镜发出一束被调制的激光平行光，照向平台棱镜，当棱镜方位偏离分划板十字中心时，返回到望远镜的激光发生偏离，瞄准信号放大器的电表指针指示出偏离基准方位的大小和方向。按照瞄准仪的指示，扳动发射平台瞄准控制盒上的回转按钮，方向电磁阀动作，同时打开止动器，液流推动液压马达转动，驱动方向机的星形轮拨动回转部，回转部带动火箭回转，使平台棱镜与望远镜视轴方位基本一致，直至平台棱镜反射激光进入瞄准敏感区，瞄准信号放大器的电表指针指示相应数值，电机停转，火箭的方位粗瞄准完成。

火箭的方位精瞄准由瞄准仪与火箭陀螺平台配合完成，发射平台没有动作。

8. 我国活动发射平台与国外活动发射平台的比较

当前世界上采用“三垂”模式发射火箭的国家有美国、法国、日本和中国，共使用了九种活动发射平台（表18－1）：美国的航天飞机、土星Ⅴ、大力神Ⅲ；法国的阿里安Ⅲ、阿里安Ⅳ、阿里安Ⅴ；日本的H－Ⅱ、H－ⅡA和中国的长征2F载人火箭。行驶路基分铁路和公路两种方式：航天飞机、土星Ⅴ采用四台履带车驮伏着发射台架从测试厂房通过专用公路运往发射场；H－ⅡA为胶轮双车驮运发射平台公路运输；其余型号均为铁路运输。法国阿里安型号采用双轨标准铁路，用轮式牵引车直接由测试厂房牵引至发射工位；大力神Ⅲ则采用双轨标准铁路机车牵引运输；日本的H－Ⅱ采用的模式与我国长征2F载人火箭模式相类似，为专用铁路自行式活动发射平台（图18－8）。

我国研制的活动发射平台因具有火箭垂直度调整和方位回转功能（国外活动发射平台不具有此功能），增加了大直径回转轴承和传动机构，结构比较复杂。与国外活动发射平台相比，我国活动发射平台的主要性能（三向过载加速度、运行定

(a) 长征 2F 载人火箭运行图

(b) 航天飞机运行图

(c) H－ Ⅱ火箭运行图

(d) 阿里安Ⅳ火箭运行图

位精度、火箭垂直度调整及方位回转功能）均高于国外同类产品，但在运输转轨、多点发射机动性方面不如国外平台。

图18－8 各种活动发射平台运行图

表18－1　活动发射平台主要参数对比表

国别	型　号	台体质量／吨	行驶方式	轨中心距／米	运输距离／米	行驶速度／（米／小时）	加速度≤（纵向）	定位精度／毫米
美国	航天飞机	3 733	履带车运	27.4	5 600	1 600	0.08g	±50
	土星Ⅴ	5 443	履带车运	27.4	5 600	1 600	0.08g	±50
	大力神Ⅲ	1 200	机车牵引	8.43	~5 600	0~8 000	0.05g	±20
法国	阿里安Ⅲ	535	汽车牵引	12.8	926	2 000	0.102g	
	阿里安Ⅳ	428	汽车牵引	12.8	926	2 000	0.102g	
	阿里安Ⅴ	1 000	汽车牵引	16	2 700	4 000	0.102g	
日本	H－Ⅱ	800	自主行驶	20	500	0~480	0.02g	±25
	H－ⅡA	1 340	双车驮运	（16）	≤500	2 000	0.02g	±25
中国	长征2F	750	自主行驶	20	1 500	0~1 680	纵向 0.02g 横向 0.015g 垂向 0.03g	±15

第十九章

载人火箭发展展望

载人火箭实现了人类步入太空的最初梦想。现在，人类对宇宙的探索进入了新阶段：为人类开辟新的活动空间、寻找新的能源……这必然促使人类的登天云梯——载人火箭也要有新的发展。

1. 载人火箭是人类探索宇宙的天梯

探索宇宙，遨游太空是人类的美好梦想，中国古代嫦娥奔月的传说以及万户升天的传奇就是这一梦想的代表。随着宇航技术的发展，人类飞天梦想成真，凭借载人火箭走出了地球摇篮，开始了探索太空的新纪元。

在载人航天近50年的发展过程中，正是由于有了俄罗斯的东方号、联盟号，美国的宇宙神、大力神、土星V以及中国的长征2F火箭，尤里·加加林才进入了太空，尼尔·阿姆斯特朗才能在月球上留下人类的首个脚印，翟志刚才能实现中国人在太空的首次行走，美国富翁丹尼斯·蒂托才能作为第一游客完成其太空之旅（图19－1）。这些火箭在人类迈向太空的过程中可谓功不可没。但当前的载人火箭对人类冲出太阳系，在银河系中寻找新的栖息地，穿越银河，在整个宇宙中活动的长远太空探索目标来讲是远远不够的。

航天员在太空飞行过程中，每天大约消耗氧气0.9千克、水2.5千克、食物0.6千克，按目前地球飞往火星的探测器需8个月～1年的时间算，由4名航天员组成的地球火星往返飞行队伍，所需要携带的补给、用品和造氧造水设备就超出了现有火箭的运载能力，这还没有考虑到滞留火星期间所需物资以及所要携带的科学仪器设备。这是有关载人火箭推力方面面临的问题，如果再考虑到现有载人火箭基本为一次性使用，且由于载人缘故而使火箭成本更加高昂，那么，发展用于深空探测的载人火箭任重而道远。由此，我们不得不说——未来的宇宙探索，火箭发展必须先行。

图19－1 太空游客丹尼斯·蒂托

2. 我国载人火箭发展展望

2003年10月15日，我国首次载人航天飞行获得圆满成功，中国成为继苏联／俄罗斯、美国之后世界载人航天俱乐部的第三个成员，稍稍领先于航天第二方阵中的欧洲、日本和印度。

我国在载人航天领域虽然取得了一定的成绩，但按照载人航天“三步走”的发展战略，我国载人火箭的发展任务还很艰巨。长征2F载人火箭是我国目前唯一用于载人的火箭，运载能力不到10吨，采用四氧化二氮／偏二甲肼作为推进剂。按液体推进剂毒性分级，四氧化二氮毒性等级为3级，偏二甲肼为2级，偏二甲肼具有强烈氨味或鱼腥样臭味，易挥发，在生产和使用过程中容易污染地面水源，这对发射场操作安全和残骸落区环境均构成较大威胁。

2000年11月，中国政府白皮书——《中国的航天》中曾对火箭明确提出“……开发新一代无毒、无污染、高性能和低成本的火箭，建成新一代火箭型谱化系列……”，这预示着我国火箭使用有毒推进剂的历史即将结束，环保型火箭的时代即将来临。在继承长征2F载人火箭技术成果的基础上，利用新一代火箭研制成果，进一步提高可靠性和安全性，形成新型载人环保火箭是我国载人火箭当前的主要目标，该项目正在进行方案设计，相信不久的将来我国的航天员就会乘坐上这种环保型载人火箭。

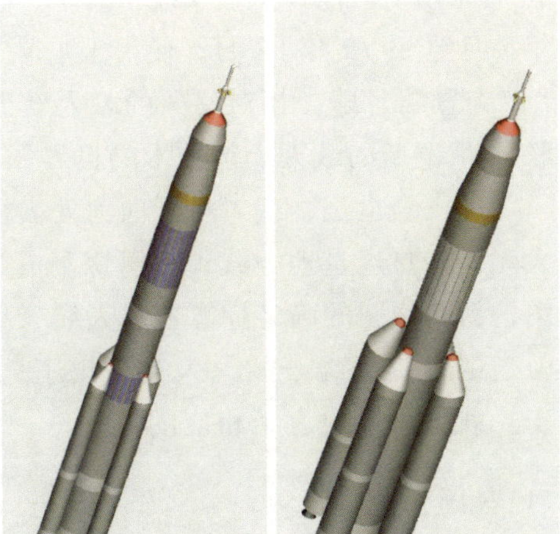

(a)三级型　(b)二级型

图19—2 重型火箭示意图

若要载人登月或进行更远的深空探测，现有载人火箭的运载能力已经不能满足要求，有关专家提出应制造重型火箭。重型火箭将类似美国的土星V，可以直接将登月有效载荷送入奔月轨道。重型火箭的规模将远远大于目前的所有火箭，其奔月轨道运载能力应不小于50吨级。目前设想为：带助推器的三级火箭和带助推器的两级火箭。重型火箭采用液氧／煤油及液氢／液氧推进剂，全长约90米（图19−2）。另一条途径是进行多次发射，空间交会对接组装，实现载人登月。

此外，为了载人航天货运运输的需要，我们已着手研制发射更重的货运飞船所需的无毒、无污染的火箭。

3. 国外载人火箭发展展望

美国和苏联／俄罗斯始终是航天领域的“两极”，在载人航天方面一直处于世界领先水平。我们先来回顾一下历史：1961年4月12日，苏联东方号载人火箭把世界上第一位航天员尤里·加加林送入轨道，绕地球飞行1圈后安全返回地面。此后，1964年及1967年苏联又用联盟号火箭分别发射了上升号和联盟号载人飞船，1971年至1986年用三级型质子号火箭发射了礼炮号与和平号空间站。与此同时，美国在1962年2月20日采用宇宙神D火箭实现了其第一次载人飞行，此后在1969年7月至1972年12月，使用土星V载人火箭先后6次实现了12人登陆月球。相对悠久的载人航天历史，奠定了美国和苏联／俄罗斯的载人火箭技术的世界领先地位。

进入新世纪，载人航天向何处去得到越来越多的关注。载人飞船—月球基地—载人火星探测成为21世纪载人航天路线图，新路线图的确定标志着载人航天从低地球轨道上升到更高轨道的征程已经开始，人类迈出了载人探索太空的历史性脚步。载人火箭也有了相应的发展。

(1) 美国

2004年1月14日，美国总统布什宣布新的空间计划，美国探索太空的新计划要实现3个目标，其中最重要的一个目标是在2020年前重返月球。为了安全和增加运载能力，美国此次重返月球采用新的发射方式，融入人货分运的思想，将载人探测飞行器（CEV）与月球登陆器（舱）分别发射至近地轨道，然后在太空将CEV与月球登陆器（舱）和上一级奔月运载火箭通过交会对接后一同进入奔月轨道。火箭包括载人和载货两种，载人火箭用来运送CEV，载货火箭用来运货，将载人和载货火箭分别命名为阿瑞斯1（Ares1）和阿瑞斯5（Ares5）。2008年6月，美国国家航空航天局公布了阿瑞斯5火箭的新设计方案。根据该方案，阿瑞斯5火箭将是一个高约116米，相当于38层楼高的庞然大物，其奔月轨道运载能力约70吨（图19-3），这将超过当年发射阿波罗飞船的土星V火箭，从而成为世界上最大的航天运载器。投入使用后，阿瑞斯5火箭可发射建立月球基地的大量设备，甚至发射火星飞船。

2010年4月15日，美国现任总统奥巴马在肯尼迪航天中心宣布新太空探索计划，表示美国将放弃旨在重返月球的“星座计划”，而将火星作为美国载人航天计划的目的地，但研发新型大运载火箭仍是新计划的重要组成部分。

(2) 俄罗斯

2006年俄罗斯航天工业巨头能源公司推出了俄罗斯未来载人航天发展规划，旨在于2015年~2025年进行载人登月飞行，开发月球，2030年登陆火星。而对载人登月、开发月球这一目标又细化为：2010年~2015年，载人绕月后

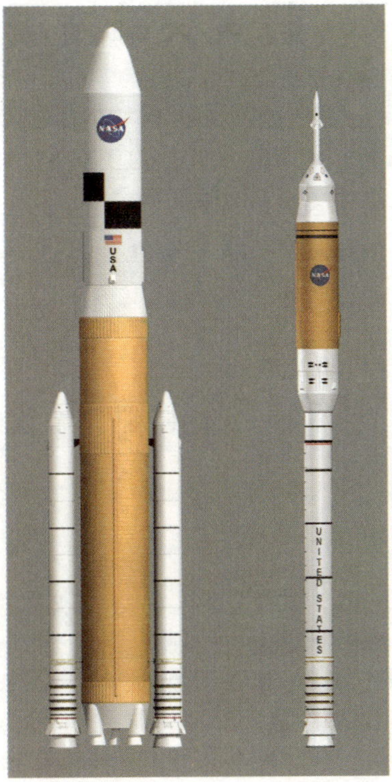

(a) 阿瑞斯5　　(b) 阿瑞斯1

图19-3　阿瑞斯火箭

知识链接

俄罗斯登月方案

首先，质子号火箭通过3次连续发射把2个Block DM上面级和1个登月舱发射到近地轨道，三者对接后飞往环月轨道；然后，质子号火箭再连续2次把2个Block DM上面级送入近地轨道，同时，联盟号火箭分2次将1个Fregat上面级和飞船也送入近地轨道，4个部分对接后飞往环月轨道；最后，登月舱和飞船在环月轨道对接后进行载人登月，登月结束后航天员返回环月轨道利用Fregat上面级动力飞回地球。

图 19—4 联盟 –3 火箭

登月；2015 年～2020 年，建造地球－月球－地球运输系统；2020 年～2025 年，建造月球基地，开发月球。

为实现未来目标，俄罗斯最初曾考虑研制新型载人火箭奥涅加（Onega）用于发射，但鉴于奥涅加的预期研制成本较高，俄罗斯考虑采取质子号与联盟号火箭（见图 19－4）联合发射的方式进行绕月飞行并在月球上着陆，经过火箭多次发射后，飞船与部分级段被送入了近地轨道，然后采用空间交会对接技术对接后一同进入目的轨道。预想通过 2 次发射来实现载人飞跃月球，4 次发射实现载人绕月，7 次发射达到载人登月。

在未来火箭方面俄罗斯明显不同于美国之处在于，俄罗斯主要是以已有火箭技术为基础通过部分改进来实现最终目的。但是，为实现载人登月而要进行 7 次发射 6 次空间轨道对接，这个任务还真是有点难度！

4．载人火箭发展趋势

20 世纪末，航天界有识之士曾提出今后火箭应该贯彻低成本、无污染、大推力 3 条原则同时兼顾经济效益，这得到了各国航天界的赞同。秉承这一思想，作为载人运输工具，重视和强调可靠性、安全性、先进性及经济性成为现在及今后载人火箭设计不变的指导思想。

(1) 低成本

发射一次性载人火箭，发射费用动辄上亿美元，这让未来

知识链接

奥涅加和联盟 –3 火箭

奥涅加是在联盟 –U 火箭的基础上进行改进的新火箭型号，其运载能力是联盟号的两倍，采用氢氧上面级，近地轨道运载能力约 15 吨。

为实现太空探索目标，俄罗斯计划通过改进联盟号飞船、建造渡船号拖船来最终实现快船号飞船的制造。计划用于发射快船号飞船的为联盟 –3 火箭。联盟 –3 火箭以联盟 –2–3 火箭为基础并通过改进发动机来实现近地轨道约 15 吨的运载能力。联盟 –3 的助推器、一子级和二子级使用液氧／煤油发动机，三子级采用液氢／液氧发动机，起飞质量约 390 吨。

相对频繁的空间活动压力不小。因此研制成本较低、可重复利用，可快速发射，具备较大乘载能力，能够进行较长时间飞行的天地往返运输系统将是未来载人航天发展的一个大趋势，如部分重复使用载人火箭和完全重复使用载人火箭。部分重复使用载人火箭是指关键组件在发射后可以采用弹道式气动减速装置（或反推火箭）着陆或带翼自主返回地面，经检修和试验后可重复使用，而其他部件则在空中被抛掉的航天运输工具，如美国的航天飞机（图19－5）。但最终发展趋势应该是完全重复使用载人火箭——不仅可以降低运载器的硬件成本，并能将人员与设备送返地面，从而大大减少地面操作与设备，显著降低地面操作费用，提高发射频率。

图19－5 美国航天飞机发射

(2) 无污染

开发具有无污染推进剂的火箭，毋庸置疑是载人火箭发展的必然趋势。液氢／液氧以及煤油／液氧等作为推进剂已成为当前火箭的主流，而对未来清洁、高效推进方式在火箭中的应用，人们则展开了丰富的想象，并进行了部分可行性研究，如借助太阳能、激光等推动火箭。

设想中的激光推进火箭是一种利用高能激光来加热工作气体并使气体热膨胀产生推力的方式，突出优点是不需携带燃

知识链接

航天飞机的故事

1972年，美国将航天发展重点转移到了部分可重复使用的航天飞机上，希望通过运载器的重复使用大幅度降低航天发射费用，并以此取代一次性运载火箭。1981年4月，人类历史上第一架航天飞机哥伦比亚号首飞成功。1982年，在航天飞机完成4次飞行后，美国政府宣布用航天飞机取代一次性运载火箭。1986年，在经历了挑战者号航天飞机失事造成机毁人亡的惨痛教训之后，美国政府又重新恢复了一次性运载火箭的使用，并建立了一支由航天飞机和一次性使用运载火箭组成的运载器队伍。2003年哥伦比亚号航天飞机再度失事后，美国政府综合考虑了经济性、安全性和可靠性等因素后，决定放弃航天飞机计划，并计划令航天飞机在2010年退役。航天飞机计划虽未达到预期的降低发射费用的目标，但却在可重复使用方面迈出了非常重要的一步。

料。通过地面上的强激光发生器，将强激光束射向火箭发动机的喷管，使那里的气体在骤然之间被加热到几千度的高温，气体压力急剧升高到几百个大气压，发生微型爆炸，产生的冲击波以超声速迎着激光束扩散，一方面产生反作用力，另一方面阻隔激光束，使激光失去作用。冲击波过后，激光束恢复作用，产生新的冲击波。如此形成激光脉冲和冲击波，由此产生的反作用力形成强大的火箭推力，将航天器送入太空。穿越大气层后，只需少量工作物质即可工作。采用激光推进，不仅降低了火箭的污染度，而且提高了有效载荷的携带能力，大大降低了发射费用。

除因推进剂的存在给空间带来污染外，火箭发射后，如何减少在太空中的废弃部件也应该是考虑的问题。

(3) 大推力

载人火箭目前可携带的有效载荷一般为10吨级，最大不超过50吨级，推力的限制对飞行速度、飞行目的地甚至发射时间都产生了较大影响。为此，推力问题成为载人火箭需要解决的一个大问题。除研制重型载人火箭采用大直径芯级、大推力无毒推进剂发动机来增加火箭推力及运载能力外，不少人都曾设想能突破化学能推进的限制，转而借助其他方式来推动火箭，如采用核能推进甚至反物质推进等来实现火箭速度、性能的突破。

当然，加大推力，提高运载能力还有一个比较可行的途径，即通过空间交会对接技术，将火箭的不同部段先后发射到某一轨道，然后进行组装，火箭组装好后再进行点火发射。由于可以受到较小的地球引力影响，这种方式相应提高了火箭推力，在一定程度上增加了火箭运送载荷的能力及飞行距离。

浩瀚宇宙，深不可测。我们有理由相信，随着科学技术的不断发展，拥有先进性能的未来载人火箭必将成为一种普通的星际交通手段。人类凭借载人火箭在月球上建造活动基地，在火星上建立移民区，建造大型空间站、太空太阳能电站，开展太空旅游，开发太空稀有资源必将成为现实。

知识链接

利用反物质推进火箭

在目前所知道的所有物理反应中，物质-反物质湮没所产生的能量是最大的。每千克理想的化学物质反应可以产生1×10^{7}焦耳的能量，核裂变产生8×10^{13}焦耳，核聚变产生3×10^{14}焦耳，而反物质的湮灭能产生9×10^{16}焦耳——是理想化学反应产生能量的近一百亿倍。

利用反物质进行推进还有一个好处是反物质的湮灭可以自发产生，不像利用核能进行推进时需要具备诸多条件，所以不需要很大的反应堆，在很大程度上可以减小船箭质量。

5-2013-2